새롭게 만들어가는
가족이야기

새롭게 만들어가는

가족이야기

전국가정교사모임 지음

(주)교 문 사

책 머리에

오늘날의 가족은 그 형태가 매우 다양해지고 있습니다.

그동안 산업화 시대를 거치면서 가족은 구조기능주의 입장에서 남편은 생계 담당자로서, 아내는 자녀양육 및 가사노동의 담당자로서 역할을 강조하였고, 부부와 그들의 자녀로 이루어진 핵가족 형태를 정상적 가족으로 보고, 그 가족의 형태나 기능에 변화가 생기는 자체를 '가족의 위기' 로 규정지으면서 가부장제 이데올로기를 유지하기 위해 애써 왔습니다.

그러나 후기 산업사회로 접어들어 다양한 형태의 가족이 공존하게 되면서 산업화시대의 가족 개념은 오늘날의 다양화된 가족을 설명하는 데 한계점을 가지게 되었으며, 적어도 형태적 측면에서 어떤 가족이 가족구성원의 행복을 위해 이상적인가라는 논의는 무의미하게 되었습니다. 즉, 그 가족이 어떤 형태를 취하든 성별과 세대를 초월하여 가족 구성원들이 서로 배려하고 의지하는 공동체적 관계를 맺고 있느냐가 건강한 가족의 기준이어야 한다는 의견이 제기되고 있습니다.

따라서 우리들은 현대 사회에서의 가족에 대한 새로운 관점을 정립할 필요가 있다는 데 생각을 모았습니다. 단순한 소비적 삶이나 가계 계승의 수단이 아니라 민주시민으로, 자율적이고 창조적인 문화적 삶을 영위할 수 있는 공동체로서의 가족 개념을 정립할 필요를 느꼈습니다.

가정과 교사로서 그동안 가족의 개념, 가족의 기능, 가족 간의 의사소통, 가족 문제 해결, 가족원으로서의 역할 등에 대해 수업을 하면서 가족 문제를 대하는 청소년들의 생각을 살펴보았습니다. 특히 구조기능론에 입각한 가족 이데올로기를 이들 청소년에게서 발견하는 일이 많아, 가족이야말로 평등과 정의가 시작되어야 하는 곳임을 깨우쳐 주어야 한다고 생각하게 되었습니다.

아이들은 가족에 대한 왜곡된 이데올로기로 인한 문제를 깨닫지도 못하고, 문제를 느낀다 하더라도 스스로 문제를 해결할 수 있는 주체라는 의식이 부족하며, 가족의 문제를 매우 개인적인 문제로 여기고 있는 경우가 많았습니다. 또한 가족의 문제 해결에 수동적이고 문제의 중심에서 소외되어 있다고 생각하여 문제를 해결하려 하기보다는 문제 속에 안주해 버리거나 혹은 역으로 충동적으로 가족에서 탈출하려는 욕구를 강하게 표출하기도 했습니다.

또한 생활 속의 가족 문제에 대하여 아이들이 느끼는 정도와 부모가 문제를 느끼는 정도, 문제에 접근하는 방향이 매우 다르므로 함께 고민해 볼 필요성도 있다고 생각을 했습니다.

현재 시중에 나와 있는 가족 관련 서적을 보면 이론 위주의 전문 서적이거나, 대체로 내 자녀 잘 키우기에 한정된 내용이 대부분이며 가족 문제 해결에서도 부모가 주도하여 문제를 해결하는 데 초점이 맞추어져 있습니다. 그러나 가족의 문제는 가족 각 구성원의 상호 작용이므로 가족 모두의 노력으로 가족 공동의 문제로서 해결되어야 합니다. 부모 주도의 일방적인 문제 해결보다는 온 가족이 각자의 위치에서 최선의 노력을 기울여 함께 문제를 해결해야 합니다. 또한 가족 관련 책자들은 가족 문제의 해결에 사회적 지원 부분을 등한시하고 있으며 가족 문제를 부모의 책임으로만 간주하여 사회와의 유기적인 관계라는 인식에는 별로 관심을 누지 않고 있습니다. 과거의 지역 공동체에서는 지역의 대다수 어른들이 양육, 교육에 일정 역할을 한 것에 비해 현대 사회에서는 지역공동체 개념의 약화로 양육의 책임이 부모에게 더욱 집중되었으며 부모의 사회적 활동으로 인해 혼자 감당하기가 더욱 어려워져 유기, 가출, 폭행, 방임 등이 사회적 문제로 대두되고 있는 것이 현실입니다.

가족을 구성하려면 함께 살 준비가 되어 있어야 하며, 이 때 함께 살 준비는 결국 기초적인 생활을 스스로 할 수 있으며 서로를 배려할 수 있는 자질을 갖추는 것을 말합니다. 가족은 사회 변화의 영향을 받기만 하는 수동적 관계에 있기보다는 하나의 능동적, 집합적 행위자이며 외부의 압력이나 외부의 필요에 대응하기 위해 자체적으로 가족생활을 계획하고 선택할 수 있는 것으로 보아야 할 것입니다.

이 책의 여러 가지 활동을 통하여 아이들이 자신의 가족을 객관적으로 바라보고 발전시킬 수 있도록 가족을 다양한 시각에서 보고, 가족에 대한 왜곡된 이데올로기를 깨고 가족구성원 중 그 누구도 소외되지 않는 공동체적 행복을 위하여 온 가족이 함께 노력해야 함을 강조하고자 합니다.

부모에게만 집중되었던 문제 해결의 열쇠를 가족원 모두가 나누어 부모, 자녀 등 가족 각자의 위치에서 노력하여 가족 문제를 해결할 수 있는 능력을 기르고 일반 청소년들이 가족과의 관계에서 일상적으로 겪는 문제를 해결하는 데 도움을 주고자 합니다. 또한 우리 사회의 가족지원체제를 돌아보고 사회에서도 끊임없는 노력과 반성을 요구하여 부모, 자녀, 사회가 함께 만들어 가는 건강한 가족을 만드는 데 미력하나마 작은 보탬이 되고자 합니다.

이 책을 만들기까지 많은 분들의 도움이 있었습니다.

항상 저희들의 부족한 점을 채워주시고, 가정과 교육의 전망을 제시해 주시는 경상대학교 유태명 교수님, 한국교원대학교 채정현 교수님, 저작권 동의를 해 주신 분들, 새로운 수업을 시도할 때마다 적극적으로 참여하여 대견하면서도 참신한 답으로 반응하여 우리들을 놀라게 한 학생들에게 감사를 드리며, 혹 미처 허락을 받지 못한 자료가 있다면 부디 양해를 부탁드립니다.

끝으로 이 책의 출판을 허락해 주신 교문사 류제동 사장님을 비롯한 진행에 적극 협조해 주신 양계성 편집부장님과 직원 여러분에게 감사 드립니다.

2006년 7월 25일
전국가정교사모임

차 례

첫째마당 | 우리 가족 바로 보기

둘째마당 | 다시 만들어가는 가족

셋째마당 | 가족의 어려움, 사회와 함께 풀어가기

도움이 필요한 가족들

가족과 관련된 법과 상식

첫째마당 | 우리 가족 바로 보기

우리 가족은 지금 어떤 모습일까?

- 전국의 청소년 1,000명에게 물었습니다
- 가족은 무엇일까?

가족에 대한 생각 넓히기

- 피는 물보다 진하다?
- 가족의 대표, 그때그때 달라요.
- 부모는 자식의 영원한 봉?
- 내 모습 그대로 인정해 주세요!
- 행복한 가족도 갈등은 있다
- 다른 행복 찾기

우리 가족은 지금 어떤 모습일까?

전국의 청소년 1,000명에게 물었습니다

누구나 행복한 가족을 꿈꾼다. 그러나 …

어머니, 아버지, 언니, 오빠, 누나, 형, 동생. 가족이 주는 따뜻한 이름들이다. 풍성한 밥상이 있고, 웃는 얼굴로 하루의 일과를 재잘대는 풍경이 있는 행복한 가족을 누구나 꿈꾼다. '가족'은 공기처럼, 물처럼 늘 우리 곁에 있으며, 이런저런 형태로 삶에 큰 영향을 준다. 평소엔 별로 의식하지 않다가 갑자기 단수가 되거나 맑은 공기를 마시지 못할 때의 당황스러움이나 불편함처럼, '가족' 안에서 문제가 발생되면 대부분의 가족 구성원들은 허둥거린다. 단수를 대비해 생수를 미리 사 두는 것처럼, 공기가 탁해지지 않도록 미리 환기를 하는 것처럼, 우리 가족의 문제도 예방의 지혜를 발휘할 순 없을까? 때로 상한 물을 마셔도, 탁한 공기를 마셔도 건강에 이상이 없을 정도의 면역력을 가진 튼튼한 신체를 만들 듯이 우리 가족을 튼튼하게 할 방법은 없는 것일까?

TV와만 소통 가능한 어머니, 집이 숙소가 되어 버린 아버지, 컴퓨터의 세상이 더 자유로운 아이들, 같은 공간에 있지만 나누는 것이 별로 없는 오늘의 우리 가족이 서로 마주 보도록 하는 방법들을 찾고자 한다. 있어도 그만, 없어도 그만인 가족, 언제든 떨쳐버릴 수 있는 가족, 평생을 얽매여 고통 받은 가족이 아니라, 있어서 더 즐거우며, 행복하고 든든한 가족이 되도록 하는 방법을 찾아보자. 행복한 가족을 꿈꾸지만 말고 현실에서 행복한 가족을 만들어 나아가자.

청소년들은 '가족'을 어떻게 바라보고 있을까?

기성세대와 청소년들의 '가족'에 대한 의식은 어떻게 다를까? 청소년들에게 투영되어 나타나는 가족의 모습을 곰곰 살펴보면 오늘날 우리 가족이 어떤 모습인지, 어떻게 변화되어가고 있는지, 어떤 노력이 필요한지를 알게 되리라 여겨졌다. 이에 집필진 교사들이 근무하고 있는 광역시 및 중소도시에 위치한 중 · 고교 학생 1,000명을 대상으로 가족에 대한 설문을 실시하였다.

설문을 통해 바랐던 점

설문을 통해 청소년들이 자신만이 가족 문제 속에서 불행하다고 생각하지 않도록 하는 것, 즉 어느 가족이든 크고 작은 갈등과 문제로 고민하고 힘들어하고 있다는 것을 이해하고 받아들이는 계기가 되기를 바랐다. 그런 이해의 마음가짐으로 가족의 갈등이나 문제들을 가족과 함께 해결하려는 노력하고, 더 나아가 다른 가족들과의 조화로운 생활도 고려하는 삶의 태도를 갖는 첫 걸음이 되기를 진심으로 바라며 설문을 마련하였다. 가족은 화분의 꽃과 같으므로 정성을 기울이고 따뜻한 손길로 보살피는 노력이 필요함을 알게 하고 싶었다.

설문 실시 과정

누구나 '가족'이라는 단어 앞에서는 냉정할 수 없는 것이 사람의 마음일 것이다. 이 때문인지 도덕적인 비판이 가해질 수 있는 설문내용에서는 학생들이 '잘 모르겠다'를 선택함으로써 회피하려는 경향을 보이기도 했다. 가족에 관한 것은 대단히 사적인 것이며 학생의 입장에서 부모를 평한다는 사실 자체가 심리적으로 부담스러웠을 것이다. 설문에 응하는 학생들의 태도가 진지하고, 심지어는 무겁기까지 했다. 사적인 내용을 보장하기 위해 설문 중에는 학생 상호 의견 교환을 하지 못하도록 하였다.

설문을 통해 알게 된 점

설문 실시 전 집필진은 가족폭력, 가족 대화시간, 가족 가치관 등에서 긍정적이지 못한 응답이 많이 나올 것으로 예상했었다. 학급 내에서 가족 문제로 고민하고 어려워하는 학생들의 수가 점점 늘어가고 있기 때문이었다. 그러나 설문 분석 결과 우려했던 것보다는 긍정적인 답의 비율이 높게 나타났다.

설문 결과를 간략히 요약하면 다음과 같다. (설문지 원문은 부록 참조)

- 청소년의 가족 내 대화 상대 순서는 형제자매, 어머니, 아버지 순
- 일일 평균 대화시간은 10~30분
- 청소년의 고민은 성적, 직업, 진로 문제 순
- 부모와의 갈등 요인에서도 성적, 생활태도, 진로문제 순
- 가족 내 역할 중 가사노동에 남자들이 참여해야 한다는 양성평등적 경향의 응답이 높았다.
- 결혼 및 이혼에 대해서는 개인이 선택적으로 결정할 수 있다고 답한 비율이 높았다.
- TV 채널 주도권에서는 아버지가 가장 높게 나타나 가부장적 분위기가 많음을 나타냈다.
- 부부싸움의 빈도에서는 한 달에 한두 번 이상에 약 40%가 그렇다고 응답을 하였고, 폭력 동반의 비율도 28.8%로 나타났다.
- 가족 내 규칙 여부에서는 '없다' 가 가장 높은 응답을 보였다.
- 이루어 살고 싶은 가족의 유형은 핵가족, 확대가족 이외에 생활공동체, 동거가족 등 다양한 가족 유형에 응답이 나왔다.
- 청소년들이 생각하는 가족의 가장 큰 문제점은 경제적 어려움이라고 답한 비율이 가장 높았다.
- 청소년의 여가활동 1순위는 TV보기였다.
- 청소년의 월평균 용돈은 3~5만원에 가장 높은 응답을 보였다.
- 용돈 사용방법으로는 간식비가 가장 높은 비율을 차지했다.
- 용돈 지출은 '기록하지 않는다' 가 가장 높았다.
- 보호자의 용돈 지출 내용 점검 여부에서는 '하지 않는다' 가 가장 높았다.

위의 내용들 중에서 청소년들이 경제적 문제를 가족 문제로 가장 크게 인식하고 있다는 점, 가족 내 부모다툼의 비율 및 폭력 사용 빈도가 높다는 점, 부모 자녀 간 갈등 요인에서 성적이 1순위인 점 등은 우리 모두 고민해 보아야 할 점이 아닌가 한다.

설문 분석 및 의미

해당 문항의 특성에 따라 남 · 여 별로 분석한 문항과 남녀를 합하여 분석하는 것이 유의미하다고 여겨지는 부분을 통합하여 분석하였다. 이번 설문으로 찾은 가장 큰 의미로 "가족 자체를 생각해보는 기회를 가졌다는 것"이라고 학생들은 답하였다. 일례로 '가족규칙'을 묻는 문항에 대하여 "가족에게 규칙이 있을 수 있나요?"라며 반문을 하던 학생이 있었다. 이렇게 한 번쯤 '가족'에 대해 생각해보고, 한 번, 두 번, 가족을 관찰하고 가족에 대해 고민하는 기회가 늘어난다면, 가족 안에서 일어나는 문제들의 해결책들을 찾을 수 있을 것이다.

설문 방법

- 설문지역 : 광주광역시, 대구광역시, 대전광역시, 부산광역시, 인천광역시 경남(거창군), 경북(구미시), 전북(곡성군), 충남(보령시, 청양군)
- 설문대상 : 중 · 고교생 1,000명
- 설문 형식 : 객관식 및 주관식 문항 혼용
- 설문 기간 : 2004년 11월 ~ 12월
- 설문 문항 작성 과정 : 우선 집필진 각자 원하는 내용의 설문을 작성한 후 공통되는 문항을 선정함과 동시에 기존에 실시된 자료들과 비교하는 작업을 하였다. 설문의 내용 선정 및 표현 방법에 상당한 어려움이 있었다. 지극히 사적인 '가족'을 드러내게 하는 내용을 담는다는 것과 통계처리가 가능한 설문으로 기능화 하는 것이 쉽지 않은 일이었다. 설문 내용은 가족관계를 파악하기 위한 것으로서 가족관계에 대한 의식, 가족간 의사소통 정도, 가족가치관, 가족 내 폭력, 부모님 사이의 갈등, 가족문제에 대한 요소와 가족생활의 공유 및 청소년의 여가활동, 경제생활 분야로 나누어 내용을 구성하였다.

– 전남교육청 광주사회조사연구소(2002), 전남 청소년 종합실태 조사 자료집 참고

설문 내용

문항	가족관계	내용 및 질문 형태
(1~3)	응답자 파악	주거지역, 성별, 학년
(4)	함께 살고 있는 사람들은?	함께 살고 있는 구성원
(5~7)	가족에 대해 얼마나 관심이 있는가?	부모님의 직장, 하시는 일, 부모님의 생신
(8. 9)	가족 중 대화 상대와 시간은?	주된 대화 대상, 가족간 대화시간
(10)	평소 가지고 있는 고민 두 가지는?	건강, 가정문제, 성적, 이성교제, 대인관계, 학생생활
(11)	부모님과의 사이에서 느끼는 갈등 두 가지는?	이성문제, 학교공부, 성격, 생활태도, 진로문제, 외모, 식습관
(12)	지난 1년 동안 가족끼리 나눈 행사와 내용은?	가족 생일, 부모님 결혼기념일, 크리스마스
(13)	가족관계에 대한 자신의 생각은?	부모님은 장남이 모셔야 한다 남녀는 출생부터 능력의 차가 있다 어떤 경우에도 이혼을 해서는 안 된다 자식이 있어도 부모님을 양로원에 의탁할 수 있다 남자도 부엌일을 해야 한다 결혼하지 않고 살아도 상관없다 연상, 연하 남녀와 결혼할 수 있다
(14)	부모님 말씀 중 가장 듣기 싫은 말은 무엇인가?	자율 응답
(15)	부모님 말씀 중 가장 듣기 좋은 말은 무엇인가?	자율 응답
(16)	집에서 매를 맞은 적이 있나요?	가족 내에서 매를 맞은 경험, 때린 사람, 맞은 시기, 빈도, 매를 맞은 후의 대처
(17)	부모님께서 얼마나 자주 다투십니까?	매일, 1주일에 한두 번, 한달에 한두 번
(18)	부모님께서 다투실 때 폭력을 사용하십니까?	항상, 가끔, 대체로, 전혀
(19)	부모님들께서 다투실 때 욕을 하십니까?	항상, 가끔, 대체로, 전혀
(20)	가족 중 TV 채널의 주도권은 누구에게 있습니까?	나, 형제자매, 엄마, 아빠, 기타
(21~23)	가족과의 사이는 어떻습니까?	아버지, 어머니, 형제자매
(24)	당신 가족에게는 어떤 규칙이 있습니까?	확실, 확실하고 안정적, 확실하고 융통적
(25)	당신에게 가족은 어떤 존재입니까?	소중한 존재, 그냥 함께 사는 이, 느낌 없음
(26)	이루어 살고 싶은 가족의 유형은 무엇입니까?	핵가족, 확대가족, 부부만, 동성친구와의 생활공동체, 마음 맞는 사람들과의 동거가족, 독신가족
(27)	우리 가족의 제일 큰 문제점은 무엇입니까?	경제적 어려움, 부모의 불화, 일상적 폭력, 가족원의 건강, 기타

문항	여가활동 및 경제활동	내용 및 질문 형태
(28)	여가활동에 대한 당신의 생각은 어떻습니까?	여가시간 여부, 금전, 여가를 같이 할 사람, 여가활동 장소, 여가활동에 대한 심리적 태도
(29)	여가시간에 주로 하는 활동은 무엇입니까?	친구 만나기, TV 시청, 비디오 시청, 독서, 노래방, 컴퓨터 게임, 음악감상
(30)	당신의 월평균 용돈은?	3만원 미만, 3만원 ~ 5만원, 5만원 ~ 10만원, 10만원 ~ 15만원, 15만원 이상
(31)	당신은 용돈을 주로 어떤 식으로 마련합니까?	부모님께 타 쓴다, 스스로 조달, 기타
(32)	당신은 용돈을 주로 어디에 사용합니까?	오락, PC방, 간식비, 친구교제비, 교통비
(33)	당신은 용돈 지출 내역을 수첩이나 용돈 기입장에 기록을 합니까?	항상, 가끔, 기록하지 않음
(34)	당신은 용돈이 부족한 경우 어떻게 합니까?	용돈 가불, 친구에게 빌림, 없는 대로 지냄, 저축금 사용, 아르바이트, 기타
(35)	부모님이나 보호자가 용돈 지출 내역을 점검하십니까?	그렇다, 아니다
(36)	당신은 저축을 합니까? 저축을 한다면 어떤 방식으로 합니까?	용돈에서 남는 것 저축, 미리 떼어 저축, 저축하지 않음
(37)	당신은 아르바이트를 해 본 경험이 있습니까?	있다, 없다, 있었으나 하지 않음, 하고 있음
(38)	아르바이트를 하는 주된 이유는 무엇입니까?	용돈 마련, 사회 경험, 학비 조달, 물건 구입
(39)	당신이 해 본 또는 하고 있는 아르바이트는 무엇입니까? 제일 많이 했던 것 3가지 고르시오.	전단지 배포, 신문 · 우유 배달, 주유소, 설문조사, 호객꾼, 비디오 · 도서대여점, 당구장, 편의점, 기타

설문으로 본 가족 읽기

누구와 함께 살고 싶은가? (설문 26)

청소년들이 이루어 살고 싶은 가족유형은 부모와 자녀로 이루어진 핵가족이 1위로, 전형적인 가족에 대한 비율이 높게 나타났다. 그러나 남학생의 경우 14.2%, 여학생의 경우 17.9%가 동거, 독신, 생활공동체 등을 선호하는 것으로 보아 새로운 가족 형태에 대한 관심도 상당히 높은 것으로 나타났다.

• 이루어 살고 싶은 가족 유형

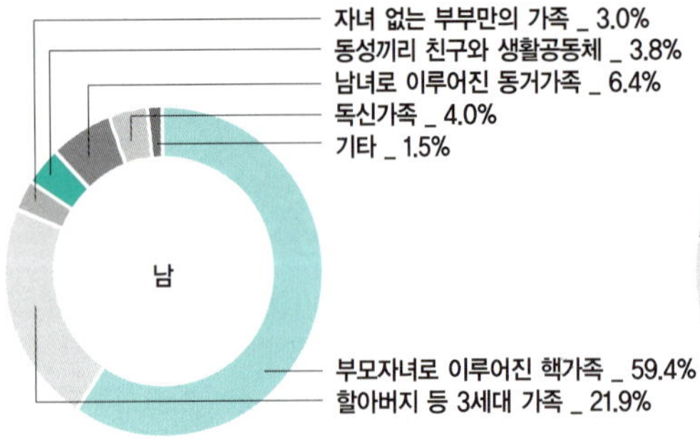

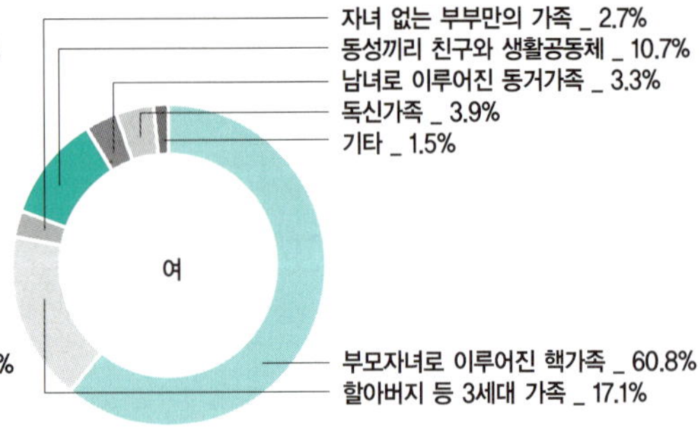

청소년 남녀, 결혼과 이혼에 대한 시각이 달라! (설문 13)

'결혼하지 않고 살아도 상관없는가?' 라는 질문에 남학생은 35.1%, 여학생은 53.8%가 '그렇다' 라고 답하였다. 결혼을 꼭 해야 한다는 생각보다는 선택의 의미로 많이 변하고 있음을 알 수 있으며 여학생이 남학생에 비해 결혼하지 않아도 된다는 생각이 더욱 높게 나타났다.

또한, '어떠한 일이 있어도 이혼을 해서는 안 된다' 라는 질문에 남학생의 경우, 그렇다 54.3%, 아니다 26.1%, 여학생의 경우, 그렇다 29.3%, 아니다 44.3% 로 답하였다. 남학생은 이혼해서는 안 된다가 많은 반면, 여학생은 이혼할 수 있다가 많게 나타나 결혼과 이혼에 대한 남녀 시각차가 큼을 알 수 있다.

• 결혼하지 않고 살아도 상관없다

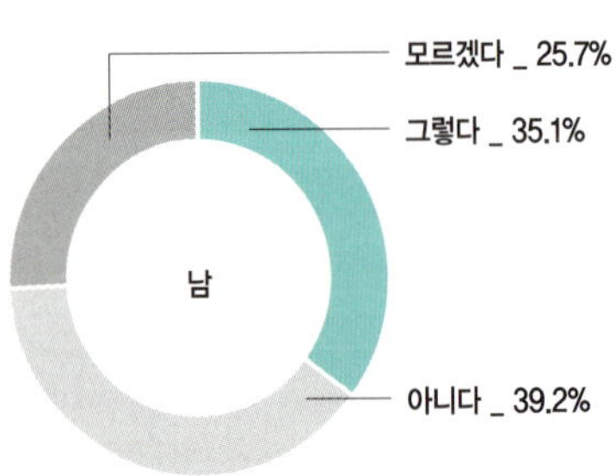

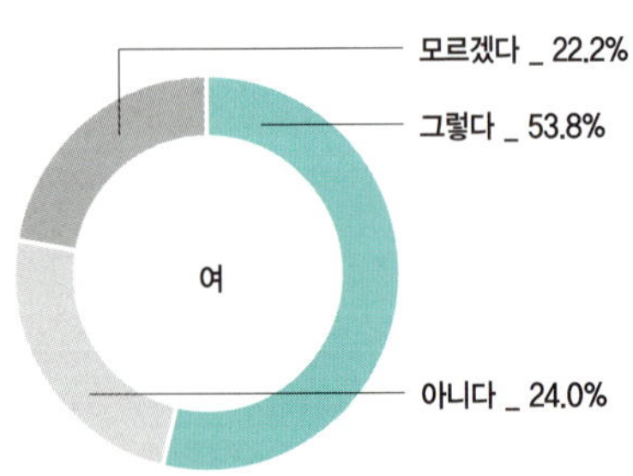

• 어떠한 일이 있어도 이혼해서는 안 된다

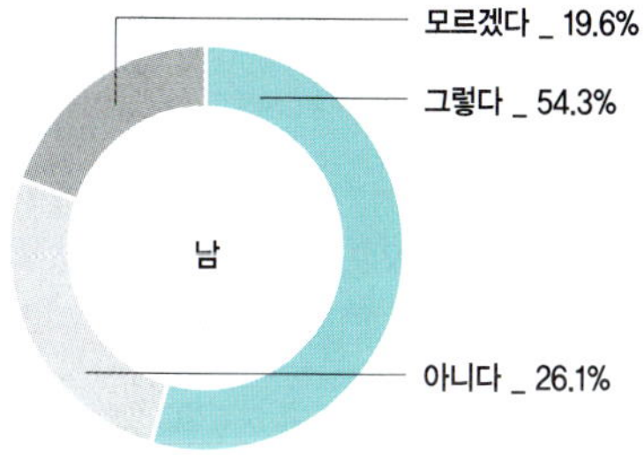

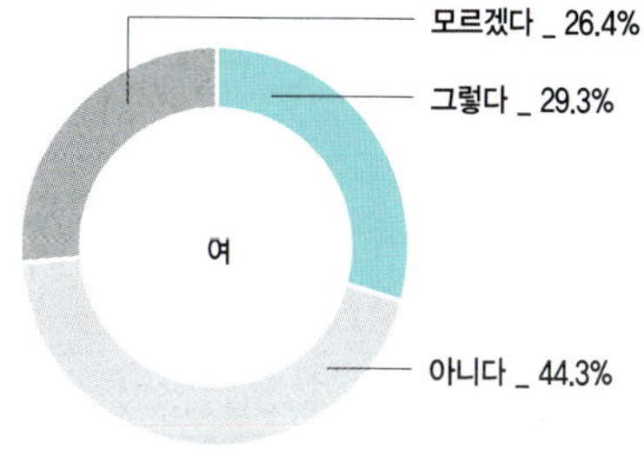

청소년, 부모에 대한 관심도 높다. (설문 5, 6, 7)

아빠의 직장과 하시는 일에 대해 71%, 엄마의 직장과 하시는 일에 대해 63%의 청소년들이 잘 알고 있었다.

85% 이상의 청소년들이 부모님의 생일을 기억하고 있었다. 그러나 가장 가까워야 할 부모 자녀 관계에서 부모님의 생일을 모르는 청소년이 12.7%나 되어 가족 서로간의 관심을 높일 수 있는 가족 공동의 노력이 필요하다고 생각한다.

• 아빠의 직장과 하시는 일에 대해 정확히 알고 있는가?

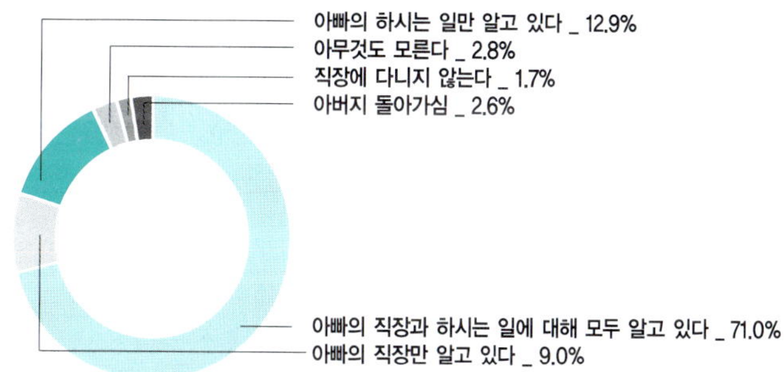

• 엄마의 직장과 하시는 일에 대해 정확히 알고 있는가?

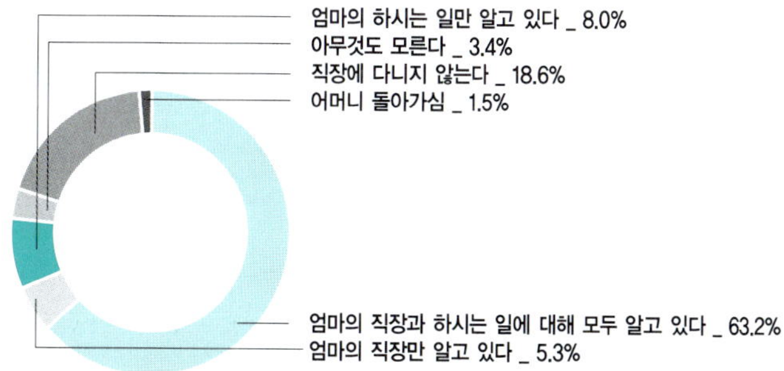

• 부모님의 생일을 알고 있나요?

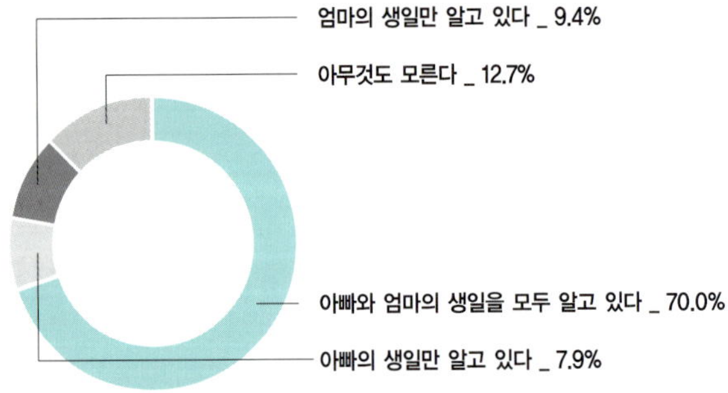

청소년 용돈, 간식비가 1위 (설문 30, 31, 32, 34, 35, 37)

용돈은 대부분 부모님께 타 쓰며, 간식비 지출이 가장 많았다.

자신의 용돈 지출 내용을 '기록하지 않고 사용한다.'가 73.1%, '용돈이 부족한 경우 없는 대로 지낸다.'가 46.8%로 응답했다. 또한, 71.8%의 부모도 자녀의 용돈 사용에 대해 점검하지 않는 것으로 나타났다.

이는 청소년이 용돈 사용에 있어 계획, 지출, 평가하는 전반적인 용돈 관리 능력이 매우 부족함을 보여주는 것이며 부모나 보호자는 자녀의 용돈 관리에 대해 소홀함을 의미한다.

따라서, 적은 액수의 용돈이라도 계획적이고 합리적으로 관리하게 함으로써 자녀의 경제관념이 올바르게 형성되도록 지도하고 부모와 자녀가 함께 노력하는 적극적인 태도가 필요하다.

• 월 평균 용돈은?

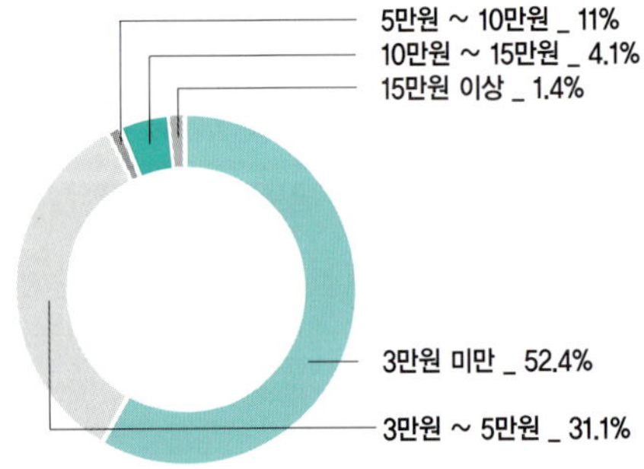

• 용돈을 주로 어떤 식으로 마련합니까?

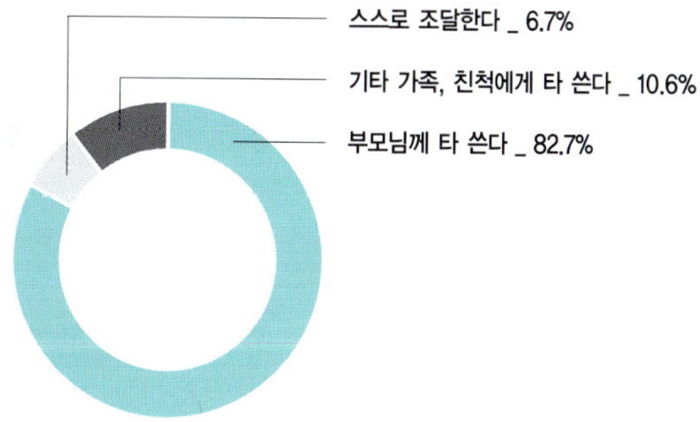

• 용돈은 주로 어디에 사용합니까??

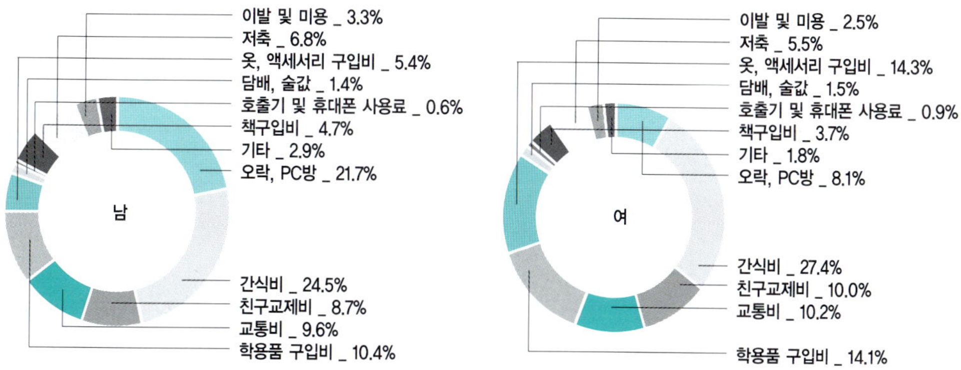

• 용돈 지출 내역을 기록합니까?

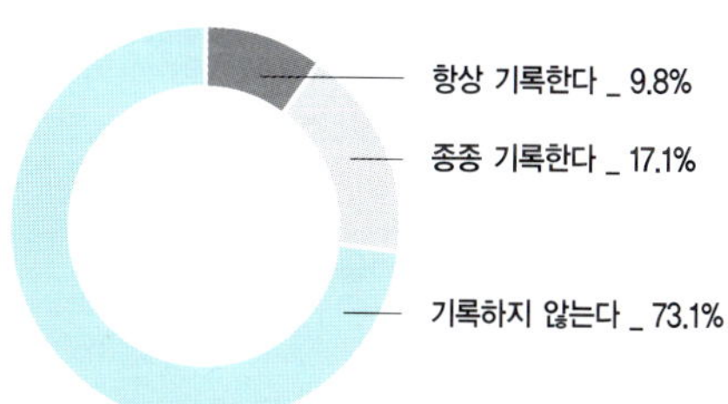

• 용돈이 부족한 경우 어떻게 합니까?

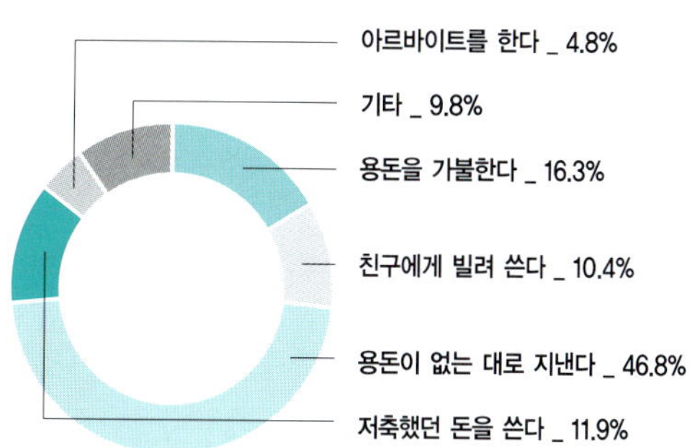

• 부모님이나 보호자가 용돈 지출 내역을 점검합니까?

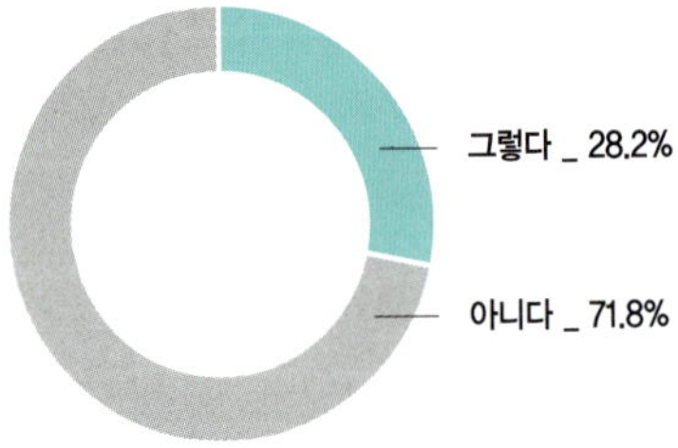

부모와의 갈등은 '역시 성적!' (설문 10, 11)

부모와의 갈등으로 1위가 학교성적으로 36.9%였으며, 청소년 자신의 고민 1위도 학교공부(성적)로 사회에 만연한 입시위주의 교육풍토가 반영된 것으로 볼 수 있다.

부모님과의 갈등 2, 3위는 각각 진로문제와 생활태도로 나타났는데, 이는 세대간의 의견차가 두드러지는 문제로써 가족갈등의 주된 원인이 됨을 알 수 있다.

• 평소 자신이 가지고 있는 고민 2가지를 고르시오

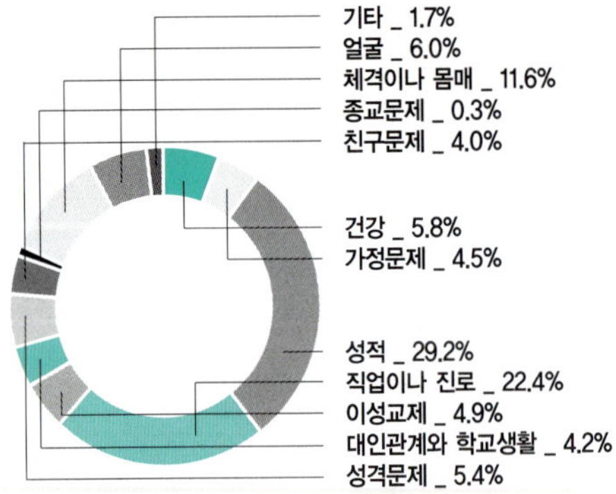

• 부모님과의 사이에서 갈등을 느끼는 것 2가지를 고르시오

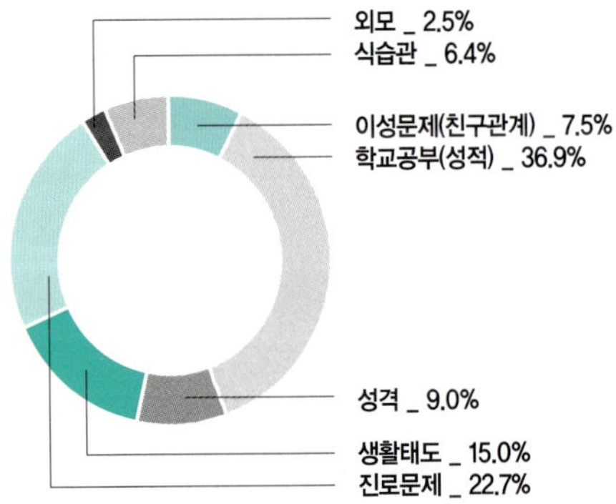

자녀 눈에 비친 부모의 다툼 (설문 17.18.19)

80% 이상의 청소년은 부모의 다툼을 본 경험이 있었다. 일반적으로 화목하다고 보여지는 가족의 모습 안에도 사소한 다툼은 존재한다. 그러나 부모다툼에 폭력이나 욕을 사용하는 비율이 각각 18.8%, 31.9%로 나타나, 가족 내 폭력으로 인해 정신적인 상처를 입거나 일상적으로 폭력을 쉽게 받아들이고 사용하게 될까 우려된다.

• 당신의 부모님은 얼마나 자주 다투십니까?

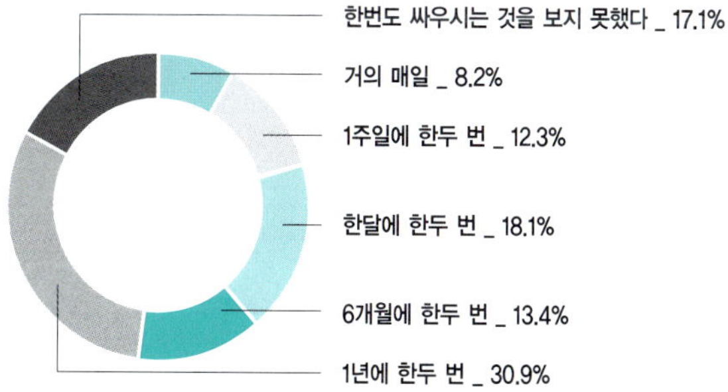

• 부모님들께서 다투실 때 폭력(때리거나 물건을 부수는 행동)을 사용하십니까?

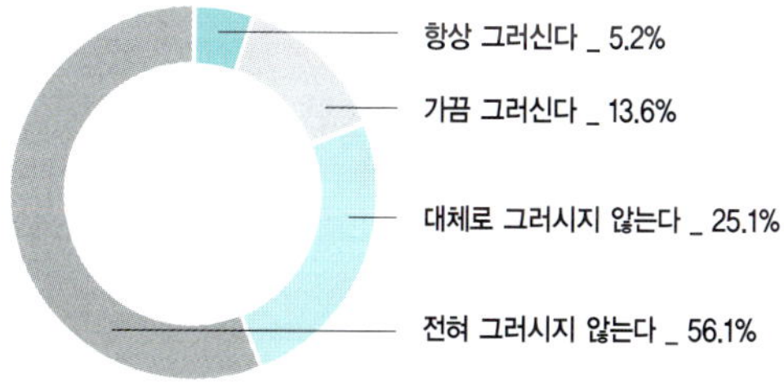

• 부모님들께서 다투실 때 욕을 사용하십니까?

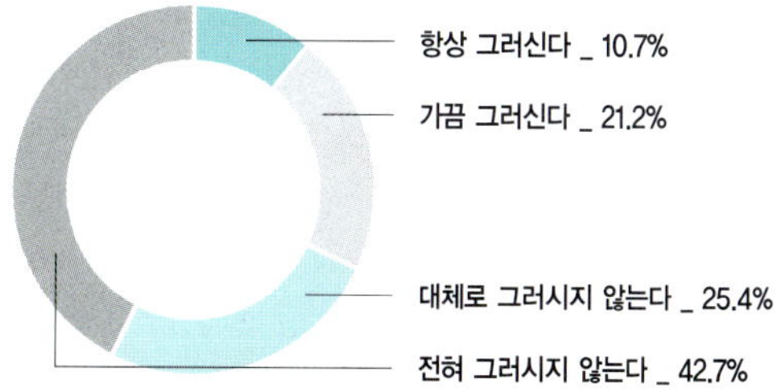

그래도 가족은 소중한 존재! (설문 25)

청소년 대부분이 가족은 소중한 존재라고 인식했다. 그러나 10%의 학생이 '그냥 함께 하는 사람이다', '아무런 느낌이 없다', '차라리 없었으면 한다'고 답하여, 10명 중에 한 명꼴로 가족의 의미를 찾지 못하고 있다는 것을 알 수 있다.

• 당신에게 가족은 어떤 존재입니까?

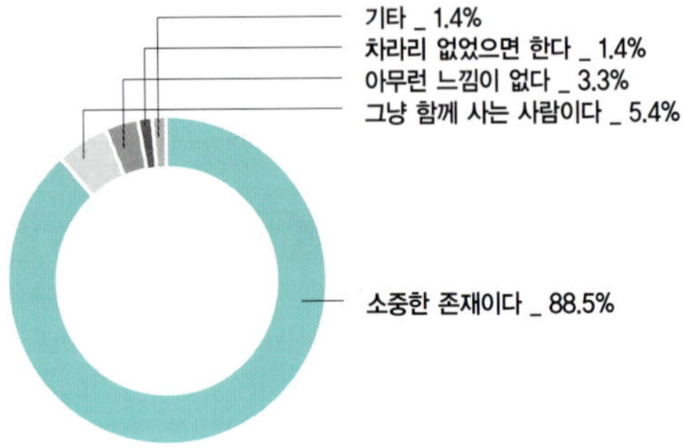

가족 대화상대는 단연 엄마 (설문 8, 9)

가족 중 대화상대는 남학생과 여학생 모두 엄마 〉 형제자매 〉 아빠 〉 조부모순이었는데, 엄마가 압도적이었으며(남 53.7%, 여 60.4%), 아빠의 경우 남학생(10.9%)이 여학생(4.4%)에 비해 대화를 좀 더 많이 하는 것으로 나타났다.

핵가족이 일반화되고 여성의 사회진출 증가로 자녀와의 관계에 있어 부모 모두의 역할이 중요시되고 있다. 하지만 설문결과 아빠와의 대화가 상대적으로 적은 것으로 나타나 실제로 아빠와 자녀와의 정서적인 유대감이 아직은 부족하다고 보인다.

한편, 가족과의 대화시간은 주로 10분~30분, 30분~1시간의 순서로 응답하였으며, 남학생에 비해 여학생의 대화시간이 상대적으로 많았다.

• 가족 중 주로 누구와 제일 많이 대화하는가?

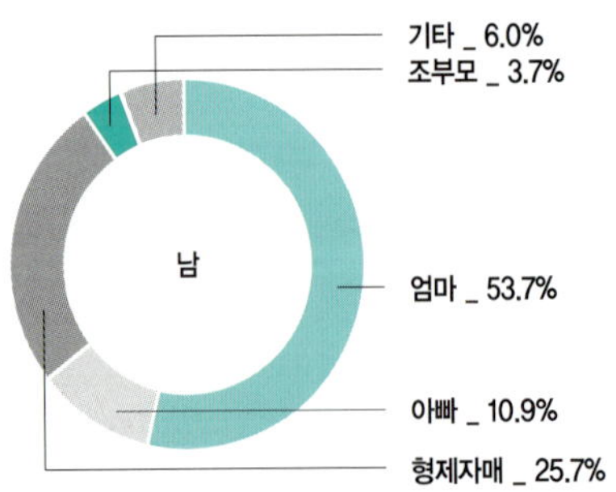

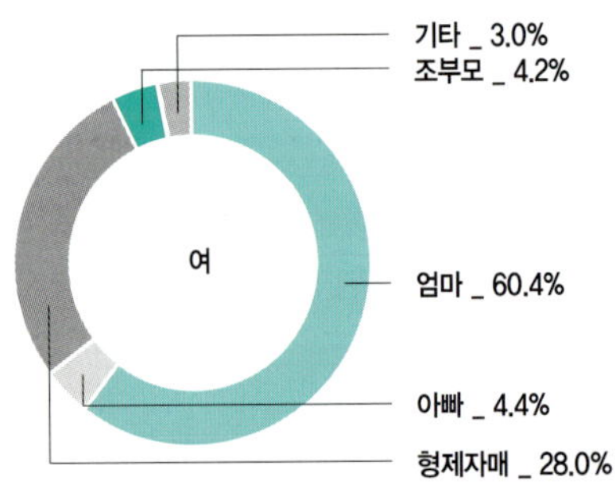

• 가족들과 대화하는 시간이 대체로 하루에 얼마나 되는가?

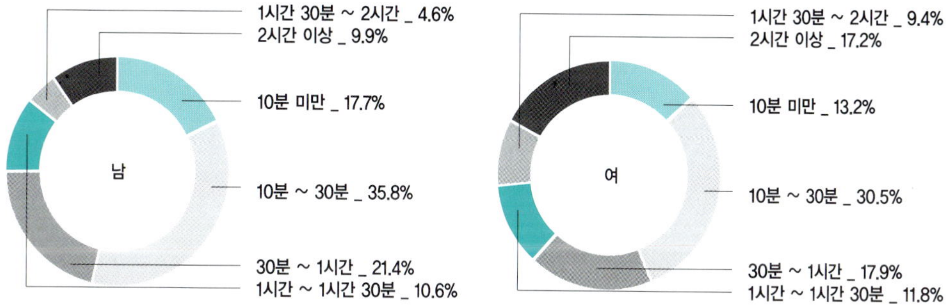

부모님(혹은 집안 어른)의 말 중에서 가장 듣기 좋은 말은 무엇인가요? (설문 15)

- 1순위 : 용돈 줄게
- 2순위 : 칭찬과 격려하는 말
  (잘한다, 자랑스럽다, 이해해줄게, 대견하다, 많이 컸네, 수고했다, 넌 할 수 있어)

부모님(혹은 집안 어른)의 말 중에서 가장 듣기 싫은 말은 무엇인가요? (설문 14)

- 1순위 : 공부해라
- 2순위 : 비교하는 말(누구는 어떤데…)
- 3순위 : 컴퓨터 그만해(남학생), 살 좀 빼라(여학생)

부모에게 듣고 싶은 말로 '용돈 줄게' 라는 답변이 가장 많았다. 이는 청소년기의 자기표현 욕구 증가로 인한 특성상 물질에 대한 요구가 많아지고 이를 반영한 결과이다. 또한 지지, 격려, 칭찬 등의 긍정적인 표현을 좋아하는 것으로 보아 자녀의 자아 존중감 형성이나 긍정적 자아 성장에 도움을 주는 부모 자녀간의 긍정적 대화 방법이 필요하다.

한편 부모님에게서 가장 듣기 싫은 말도 '공부해라' 가 가장 많이 나왔고, 그 밖에 '일어나라', '일찍 자', '컴퓨터 그만', '너는 왜 그 모양이니?' 등 생활태도와 관련된 응답 또한 많이 나왔다.

청소년이 즐겨하는 여가활동 (설문 29)

청소년이 즐겨하는 여가활동으로 남학생은 컴퓨터 게임이 가장 많았고, TV 보기, 친구와의 만남, 농구와 축구 순이었고, 여학생은 TV 보기, 친구와의 만남, 컴퓨터 게임, 음악감상 순으로 응답했다.

남녀 모두 여가시간에 컴퓨터 게임, TV 보기를 많이 하는데, 이는 인간관계가 결여된 개인적인 활동으로 청소년의 사회성 발달에 저해된다. 특히 TV의 경우, 드라마, 연예오락 프로그램 내용이 학생들의 관심과 대화내용에 많이 포함되고, 소비지향주의, 외모지향주의에 영향을 많이 받는다고 할 수 있다.

남학생은 농구와 축구 등 활동적인 여가활동을 선호하는 경향을 보였고, 반면 여학생들은 친구와 대화를 나누거나 음악감상을 하는 등의 정적인 활동에 관심을 보였다.

• 여가 시간에 주로 하는 여가활동을 3가지 이내로 고르시오. (복수응답)

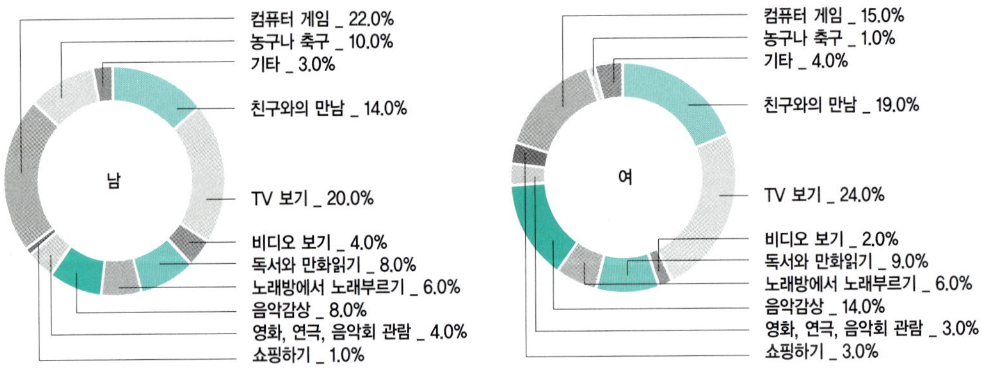

남자, 여자 생각의 차이 (설문 13)

전통적 성역할에 대한 고정관념이 부모세대에 비해 달라짐으로써 세대간의 가치관의 변화가 커지고 있음을 알 수 있다.

가족관계, 성역할에 대한 가치관을 묻는 질문에 남학생, 여학생의 생각 차이가 나타났는데, 남학생의 경우 전통적이고 보수적인 가족 가치관을 보여주는 응답이 여학생에 비해 상대적으로 많았다. 집안일을 남녀 모두 공동의 책임으로 받아들여 함께 해야 한다는 의식은 남녀 공히 높게 나타났다.

• 부모님은 반드시 장남이 모셔야 한다

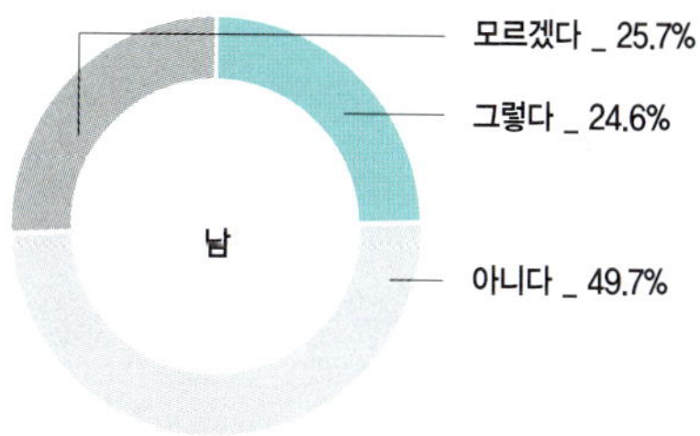

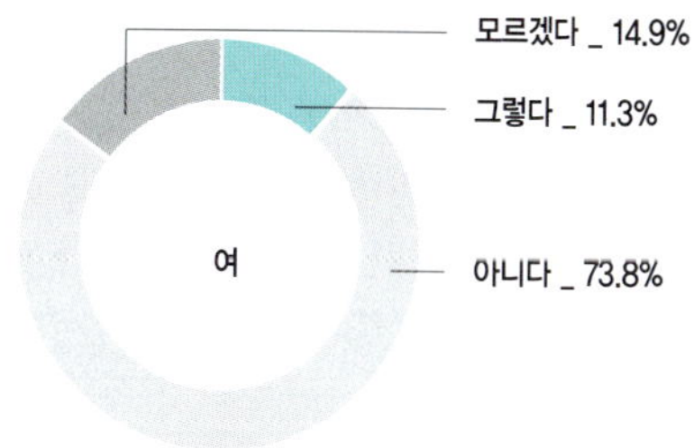

• 남녀는 태어나면서 능력의 차이가 있다

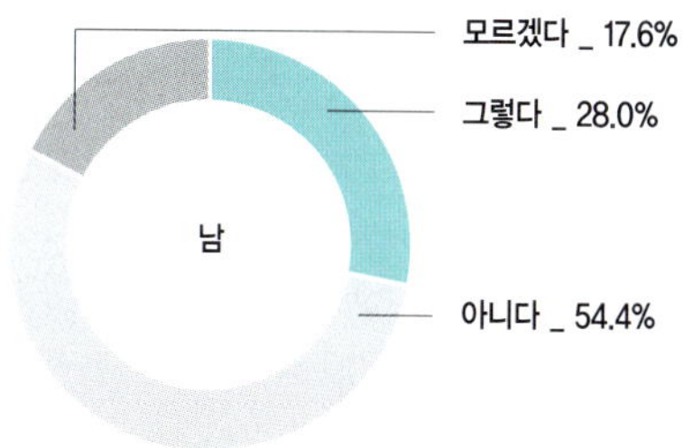

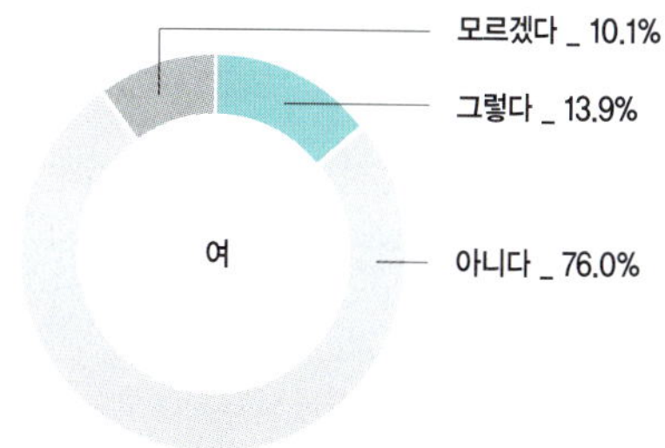

• 자식이 있더라도 부모님을 양로원에 모실 수 있다

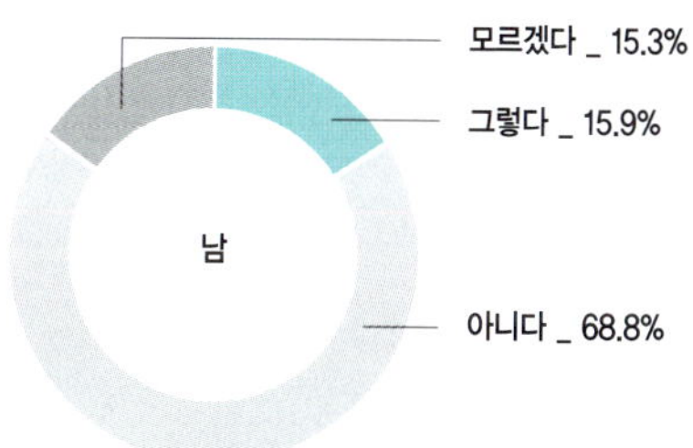

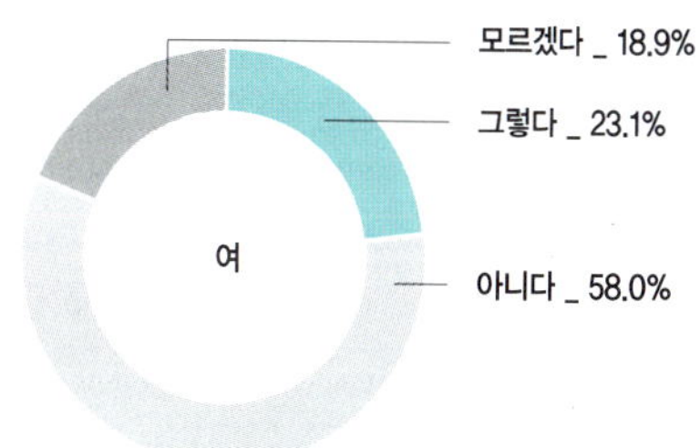

• 남자도 부엌일을 해야 한다

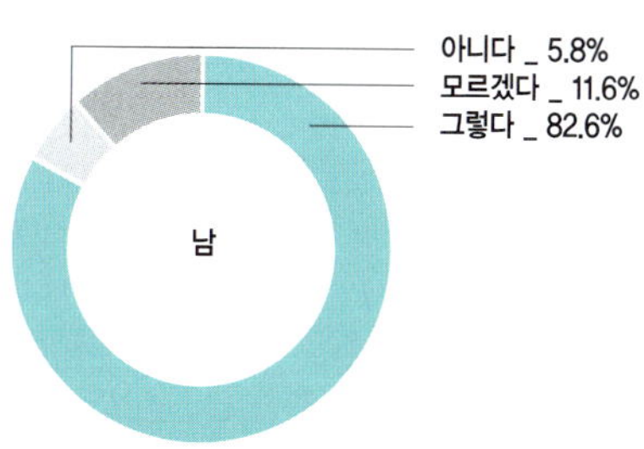

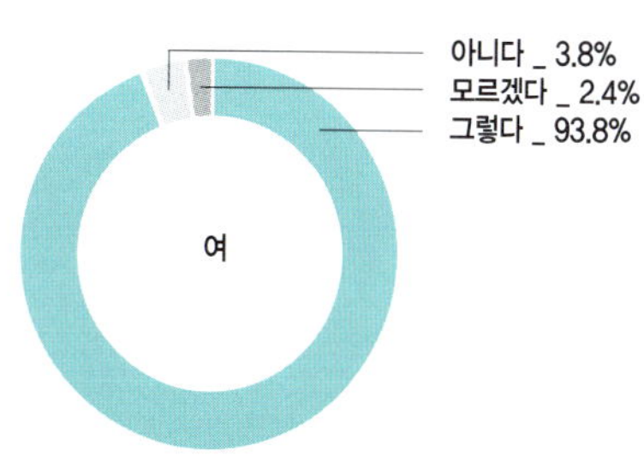

우리 가족의 가장 큰 문제는? (설문 27)

가족의 제일 큰 문제로 '경제적 어려움' 을 꼽았고 '일상적인 폭력' 을 문제로 인식하는 소수 응답이 있었다. 일상적 폭력에 대한 남학생과 여학생의 인식 차이가 5배 이상 큰 것으로 나타나 성별에 따라 폭력에 대한 문제인지도에 차이가 있음을 알 수 있다.

• 우리 가족의 가장 큰 문제는?

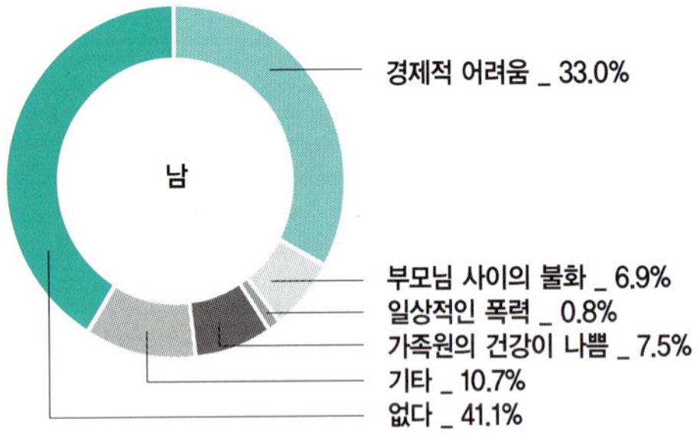

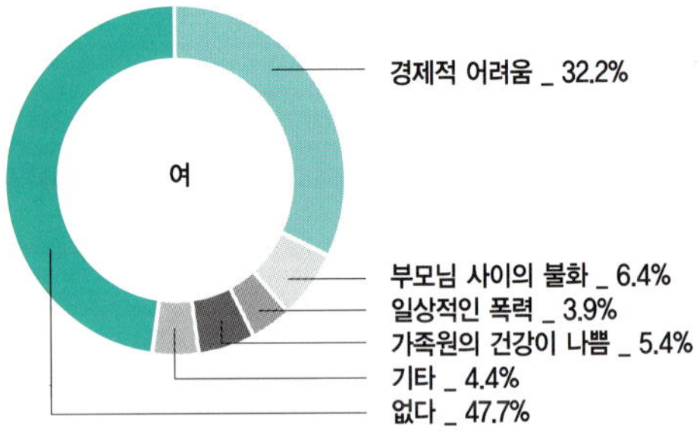

청소년 74.2 %, 매 맞은 경험이 있다 (설문 16)

매를 맞은 경험이 있다는 응답이 74.2%이고 억울하게 매를 맞은 경우의 대응방법으로 남학생은 '그냥 있었다 〉 소리를 질렀다' , 여학생은 '소리를 질렀다 〉 그냥 있었다' 의 순으로 답하였다. 이러한 결과는 가정폭력에 대해 적극적으로 피하거나 방어하지 못하는 어려운 현실을 보여주며, 가정폭력에 대한 문제의 인식과 대처방법에 대한 교육이 필요하다는 것을 말해준다.

• 집에서 매를 맞은 적이 있는가?

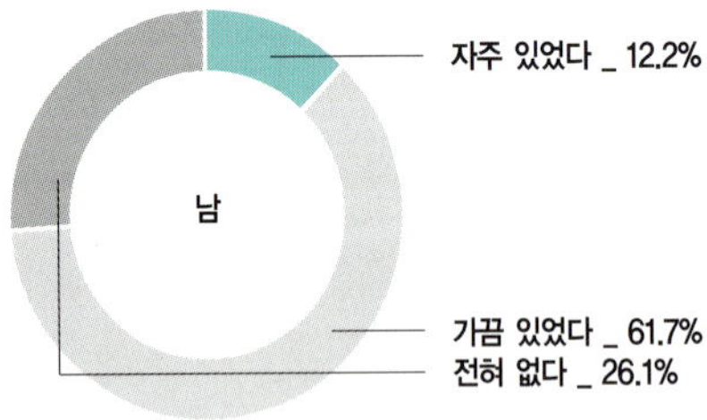

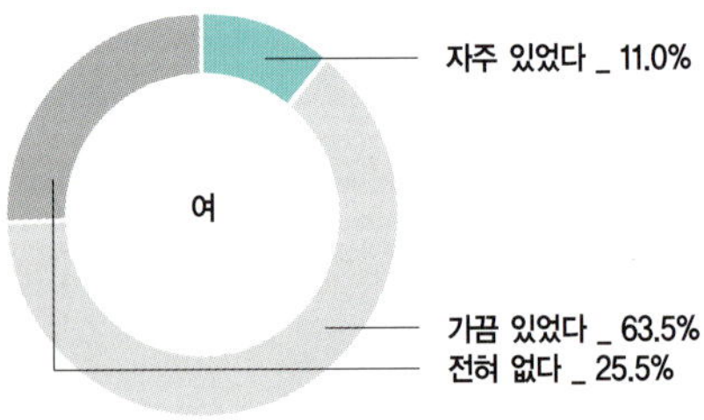

• 집에서 매를 맞았다면 누구에게 맞나요?

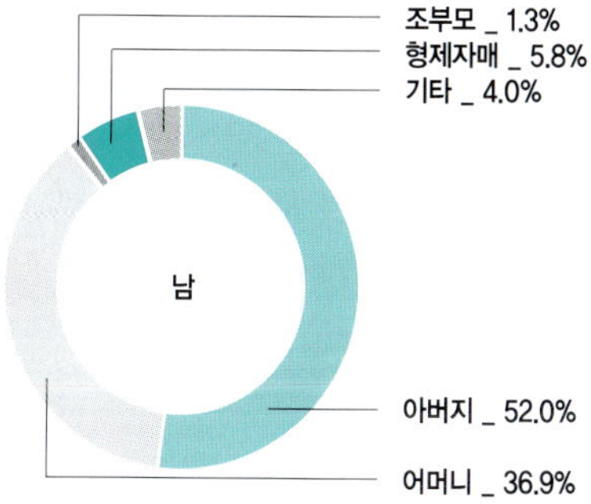

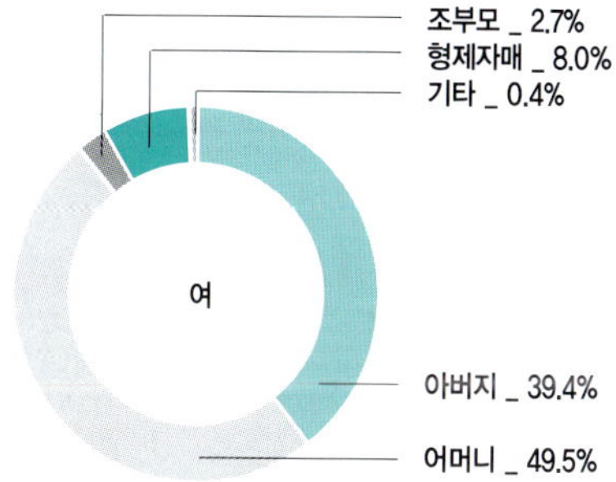

• 억울하게 맞았을 때 어떻게 했나요?

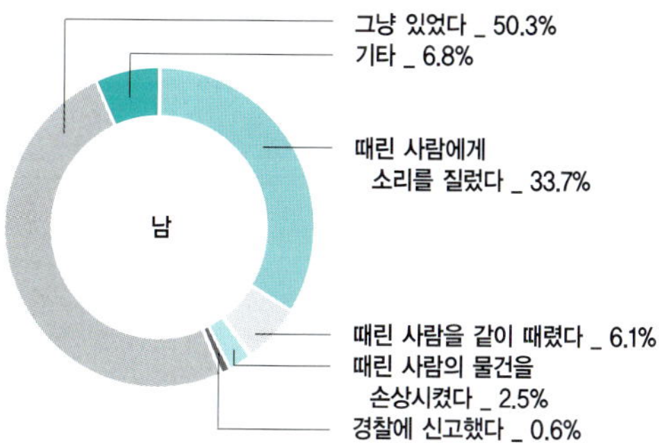

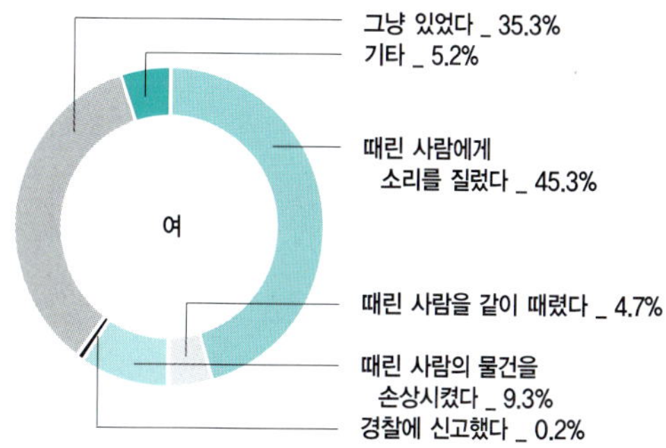

우리 가족은 지금 어떤 모습일까?

가족은 무엇일까?

생각열기

우리 삶이 시작되는 곳… "가족이란 이름으로"

우리의 삶은 가족 안에서 시작되며 모든 문화 속에 가족이 있다. 적어도 많은 사람들은 아직도 삶의 의미를 풍만하게 해주는 필요충분 조건들 중에서 가족을 으뜸으로 여긴다. 가족은 우리에게 참으로 중요한 존재이다. 그렇다면 가족이란 도대체 무엇일까?

아버지, 어머니, 자녀가 함께 식사를 준비하고, 식탁에 앉아 도란도란 이야기를 나누는 모습을 배경으로 "세상에서 가장 따뜻한 말은 가족입니다"란 멘트가 이어지는 미디어 속 광고화면들은 이 장면을 모범답안으로 제시한다. 아버지, 어머니, 자녀가 함께 있는 가족형태만이 행복한 가족이며 제일 따뜻한 관계라고 각인시키고 있다. 이것이 대부분의 사람들이 생각하고 있는 전형적인 가족의 모습이다. 여기에서 어느 하나라도 부족하면 결손가정이라고 부르며 곱지 않은 시선을 보낸다. 그리고 '결손가정=문제가정' 이란 등식으로 많은 가족들의 삶을 힘들게 한다.

그러나 우리 사회의 가족형태는 이미 과거와는 너무 많이 달라져 있다. 한부모가

• **가 족** (1978) _ 장욱진
[출처 : www.ucchinchang.org]

• **가 족** (1975) _ 장욱진
[출처 : www.ucchinchang.org]

• **색종이 가족화**
ⓒ 이정수(안중중학교)

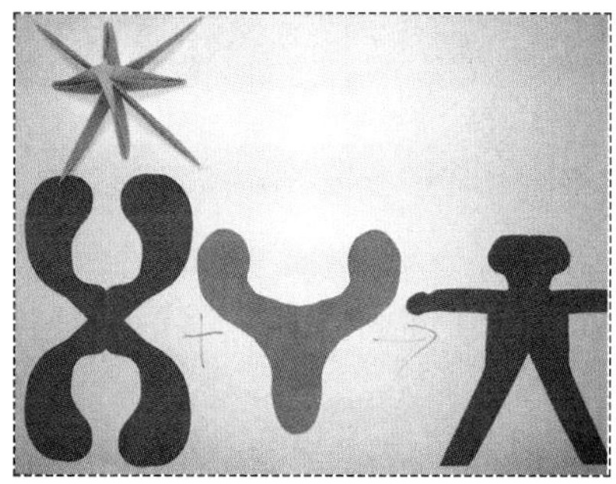

• **색종이 가족화**
ⓒ 윤태현(안중중학교)

족, 입양가족, 미혼부모가족, 재혼가족 등 다양한 가족의 모습들이 등장하고 있다. 또한 청소년들에게 '누구와 함께 살고 싶은가?'를 설문한 결과 청소년들이 동거, 독신, 생활공동체와 같은 새로운 가족 유형에도 관심과 수용이 높아졌음을 보여주고 있다.

지금 우리는 전통적인 가족관이 해체되고 있는 시대에 살고 있다. 지금 우리는 가족의 전형(The Family)*을 고집하기보다는 가족의 다양한 모습들(Families)을 인정해야 할 시점에 서 있다. 즉 가족은 수 없이 다양한 형태들이 모여 하나의 모습을 만들어 내는 조각보와 같다.

누구나 가족에 대한 지식은 다 가지고 있다. 1,000명의 청소년들을 대상으로 한 설문 조사결과, 대부분이 부모님의 생일과 직장과 부모님이 하시는 일을 잘 알고 있었다. 그렇다면 나는 우리 가족에 대해 정말 잘 알고 있을까?

가정수업시간에 '우리 가족'을 담는 가족화를 그렸다. 교사의 지시가 없었음에도

* 웨슬리 버어 외 지음, 최연실 외 옮김(1995). 『새로 보는 가족관계학』. 하우.

학생들은 도화지를 접거나 줄을 그어 식구수대로 칸을 만들었다. 첫 번째 칸 – 잠자는 아버지, 두 번째 칸 – 설거지하는 어머니의 뒷모습, 세 번째 칸 – 컴퓨터하는 형, 네 번째 칸 – TV 보는 나. 같은 공간에 있지만 단절된 가족의 모습이 드러나는 것이다.

우리 모두는 가족을 정확히 알고 있는 듯이 말하고 행동하지만, 나와 나의 가족들은 서로를 보지 못하고 있다. 가족이 나에게 어떤 의미이며 내가 가족에게 어떤 의미인지를 가족원들이 공유하고 있지 않다.

'가족이란 무엇인가' 를 고민해보자. 조각보의 아름다움은 쓸모가 적은 작은 조각의 천들이 꼼꼼하고 단단한 바느질에 의해 쓸모 있는 생활용품이 되는 데 있다. 사회를 이루는 다양한 형태의 작은 조각인 나의 가족, 이웃의 가족이 각각 건강하고 행복해질 방법을 고민해보자.

해보기

가족 콜라주 만들기

• 신문 · 잡지 속의 그림, 색종이, 가족들의 옛사진 등을 모은 후에 여러 가지 말들을 넣어서 가족의 의미가 담긴 '가족이란....?' 주제로 포스터를 만들어 보세요.

그리고 가족에 대해 정의를 내려봅시다.

" 가족이란 ______________________________ 이다."

[사례]

• 우리가족을 소개합니다.
항상 웃고 활기가 넘치는 가족이고요.
항상 행복한 일만 생기면 좋겠어요.
아빠, 누나, 할머니!
사랑합니다.
ⓒ 박관호(안중중학교)

• 연두색은 편안함, 파랑은 즐거움,
분홍은 사랑이다.
가족은 편안하고 즐거우며 사랑이 넘친다.
ⓒ 김형선(안중중학교)

해보기 가방 안에 가족선물 담기

- 가방 안에 가족에게 선물해 주고 싶은 것들과 가족이 좋아하는 것들을 담아보세요. (추상적인 것들은 상징물로 그려서 담도록 하세요)
- 가방 안의 상징물들이 가족에게 어떻게 기여하는지 생각해 봅시다.

[사례]

ⓒ 정수민(안중중학교)

ⓒ 김민홍(안중중학교)

- **엄마에게 선물할 가방** : 네잎 클로버(행운과 행복), 건강, 케이크(엄마의 생신을 잘 못 챙겨 드렸는데, 앞으로는 엄마의 생신을 잘 챙겨 드리려고), 보라색(엄마가 좋아하는 색), 자동 청소기와 세탁기(엄마의 일을 덜어 들이고 싶어서), 책과 안경(엄마의 꿈 : 엄마는 독서 선생님이신데 더 훌륭한 선생님이 되시면 좋겠다.)
- **느낀 점** : 엄마가 평소에 집안일을 하시느라 얼마나 힘드신지, 내 불효를 알았다. 너무 창피하다. 앞으로 엄마께 잘 해드려야겠다.

- **아빠에게 선물할 가방** : 스마일(웃음), 철봉(건강), 시상대(명예), 금주(술을 줄였으면 좋겠다), 몽둥이(사랑의 매), 핸드폰(새 핸드폰을 사드리고 싶다), 차(자동차를 바꿔 드리고 싶다), 하트(가족간의 사랑), 졸업모자(지식)
- **느낀 점** : 아빠에게 드리고 싶은 내 마음을 알았으니까, 한편으로 후련하다.

가족의 의미 나누기

'내가 가족을 위해서 하고 있는 일', '가족이 나를 위해서 하고 있는 일'을 각자 적어 봅시다. 가족들과 서로 나눠 읽어 본 후 가족이 나에게 어떤 의미인지 이야기해 봅시다.

[사례1] 안중중학교 이건무

나

• 내가 가족을 위해서 하고 있는 일들은

– 공부

• 가족들이 나를 위해서 하고 있는 일들은

– 밥을 주신다. 재워주신다. 공부를 시켜주신다.

엄마

• 내가 가족을 위해서 하고 있는 일들은

– 글쎄! 엄마로서 내가 가족을 위해 하고 있는 일이 무엇일까라고 생각해 본 적은 없지만, 적어 봅시다!

우선 의식주 해결을 하는 데 있어서 건강과 먹을거리에 사명감과 책임을 지고 있지. 솜씨를 발휘하지만 결과가 좋은 날도 있고 아주 형편이 없는 날도 있지. 하지만 나의 가족들은 즐겁게 식사를 하지. 늘 고맙고 뿌듯하지. 사랑하는 가족들이 자기 인생을 책임지고 잘 가꾸어 갈 수 있도록 인도자의 역할을 멋지게 하고 싶지. 사랑하는 나의 아들들이 정말 착하게 살았으면 좋겠어. 어려운 사람들에게 기쁨을 줄 수 있도록 엄마가 늘 기도해야지!

• 가족들이 나를 위해서 하고 있는 일들은

– 사랑하는 가족과 늘 함께 있는 것만으로도 감사하고 기쁘다. 나의 가족들은 나에게 무엇인가? 생각해 볼 때 바라보고 있는 그 자체만으로 웃음이 있고 기쁨이 있다. 나의 아들들을 생각하면 맑은 샘물을 보는 것 같고 아들들의 어린 시절의 모습 자체가 너무 행복하게 떠오르는 것. 우리 가족들은 나에게 감사하는 마음도 주고 웃음도 주고 걱정도 주지만 늘 새로운 해가 뜨는 것처럼 내 마음을 따뜻한 햇볕에 놓아 준다.

[사례2] 안중중학교 정연우

나

• 내가 가족을 위해서 하고 있는 일들은

– 열심히 공부하는 일, 동생을 잘 돌보는 일

• 가족들이 나를 위해서 하고 있는 일들은

– 가족들이 원활한 생활을 할 수 있게 열심히 일하시는 것

엄마

• 내가 가족을 위해서 하고 있는 일들은

– ① 가족들의 건강한 밥상을 준비한다. (맛있어하고 칭찬도 아끼지 않는다)

② 가족의 코디네이터 – 깨끗이 세탁하고 다리고… 아침의 기분을 상쾌하게, 남에게 깔끔한 인상을 주는 것도 나의 경쟁력

③ 연우, 연수의 공부 도우미, 상담자 역할 – 학교생활, 친구관계, 요즘의 고민등을 묻고 대답을 듣는 친구 같은 엄마, 과제물이나 준비물 등 필요한 물건 챙기기

④ 직장생활을 통한 교육비, 생활비 지원 – 연우, 연수의 교육비나 용돈, 평소 필요한 물건을 충당

⑤ 가족의 중심인 나 – 가족 모두에게 신뢰받고 고마움을 받는다. 나의 가족에게 진심으로 사랑하는 마음을 갖고 생활한다.

• 가족들이 나를 위해서 하고 있는 일들은

– 남편 : 출퇴근을 위해 자가용으로 직장까지 바래다주는 자상함
술, 담배 끊어서 나를 기쁘게 했다.
아내 위주의 생활을 하려 한다. 가끔은 자신의 생각대로 했으면.....
늦게 퇴근하면 먼저 와서 연우의 저녁식사를 대신 책임져 준다.

– 연우 : 중학생이 되더니 말도 없어지고 표현을 잘 안해서 서운할 때도 있지만 속마음은 따뜻하다. 엄마가 힘든 것도 알아서 쉬고 있을 때 동생과 조용히 놀아주기도 한다. 지금껏 엄마가 하는 대로 잘 따라와 줘서 기특하다. 조금 더 자신의 인생을 멋있게 설계할 수 있었으면 한다. 사랑해 ~~ ♡♡

– 연수 : 아직 초등학교 1학년생, 자칭 엄마의 보디가드, 퇴근길에 피곤함을 한방에 날려주는 녀석, 항상 웃고 귀염 떨고, "이 세상의 모든 사람 중에 엄마가 제일 좋다." "엄마 없음 못살아~" 등의 기막힌 멘트를 날려주는 우리 귀염둥이 막내, 아무것도 해주지 않아도 나의 곁에 있는 존재만으로 행복하게 한다.

[학생들의 사례]

• 내가 가족을 위해서 하고 있는 일들은

– 부모님이 걱정하실 일을 하지 않는 것. 집안일을 가끔씩 도와주는 것, 노력하는 모습 보여주는 것, 식사할 때 물 꺼내오기, 개 산책시키기, 건강하게 생활하기.

• 가족들이 나를 위해서 하고 있는 일들은

– 잘못한 일을 훈계해 주시는 것. 나와 동생을 위해 좋은 말씀을 해주시는 것, 행복과 만족감을 느낄 수 있고 나를 즐겁게 해주는 것, 교육환경을 좋게 해주시는 것. 나를 위해 희생하며 사랑을 주시는 것, 고민을 덜어 주시는 것.

해보기

가족 나무 그리기

- 눈을 감고 가장 인상 깊었던 나무를 떠올려 봅시다.
- 우리 가족이 한 그루의 나무라면 어떻게 생긴 나무일지 그려 봅시다.
  (가족 나무를 그리기가 어렵다면, 예시 그림을 활용하세요)
- 나무의 어느 부분이 가족 한 사람 한 사람을 나타내는지 표시하고 그 이유를 이야기 해봅시다.
- 우리 가족 나무에 이름을 지어 주세요.

[사례]

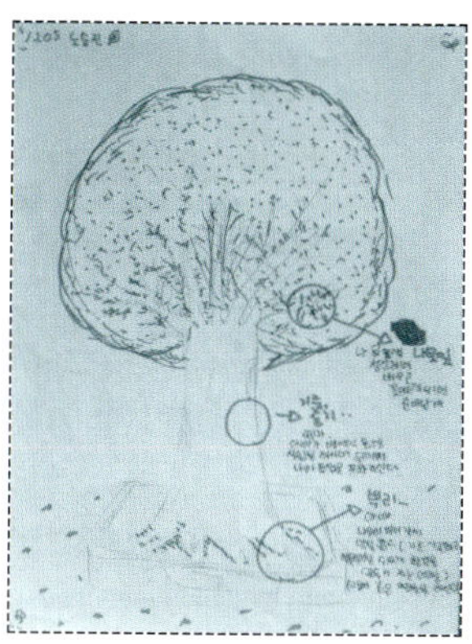

ⓒ 노승진(안중중학교)

우리 가족 나무

- **나뭇잎 :** 나와 동생 - 성장하며 배우고 꽃이 되기 위한 준비 단계
- **줄기, 기둥 :** 엄마 - 아빠가 벌어 오신 돈으로 살림하면서 여러 부분에서 나와 동생을 도와주신다.
- **뿌리 :** 아빠 - 나무의 뿌리와 같이 양분을 흡수함(가족이 편하고 행복하게 살 수 있게 환경을 만들어 주는 역할)

ⓒ 한규혁(안중중학교)

단단한 나무

- **줄기 :** 아버지 - 우리 가족을 지지하는 힘
- **잎 속의 가지 :** 어머니 - 보이지 않는 곳에서 잎을 붙잡는 힘
- **잎 :** 우리 가족의 행복
- **잔가지 :** 동생, 나 - 본가지를 보며 점점 커가는 모습이 우리와 같다.

해보기

가족화 그리기

- 준비물 : 도화지, 연필, 지우개
- 가족생활에서 기억나는 것들을 떠올려 봅시다.
- 각자의 종이에 자신을 포함하여 가족 모두가 무엇인가 하는 모습을 그려봅시다.
- 이때 막대기나 만화 같은 가족의 모습, 사진을 찍는 가족의 모습, 움직이지 않고 서 있는 가족의 모습이 아니라 무엇인가 하고 있는 장면을 그려야 합니다.
  단, 서로 말을 하지 말고 그림에 집중합시다.
- 가족원 모두가 하나의 일을 함께 하고 있는 장면이든 가족원들이 각각 다른 일을 하고 있는 장면이든 주제와 표현은 완전히 자유입니다.

- 그림을 그린 후 다음의 질문에 답하여 봅시다.

1. 가족원을 어떤 순서로 그렸나요? (예; 나 → 아버지 → 어머니)
2. 가족원 중에서 그리지 않은 사람이 있나요? 혹은 첨가하여 그린 사람이 있나요?
3. 각 인물들은 누구이며, 그 인물들을 나타내는 상징물을 그려주세요.
   (그림 옆에 간단히)
4. 가족의 기억을 그린 후의 느낌은?

[사례]

- **질문 1 :** 아빠 → 엄마 → 나
- **질문 2 :** 없음
- **질문 3 :** 엄마와 아빠는 카누의 노를 젓고 있고 나는 주위 풍경을 감상하고 있다.
- **질문 4 :** 가족끼리의 여행과 대화의 시간이 많이 필요한 것 같다.

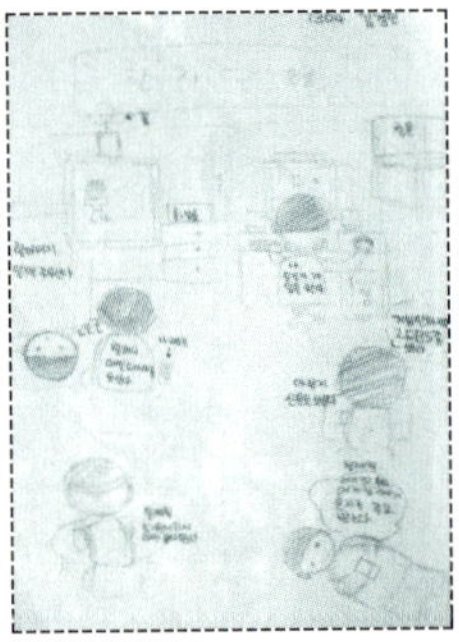

- **질문 1 :** 나 → 할아버지 → 할머니 → 아부지 → 첫째형 → 둘째형
- **질문 2 :** 없다.
- **질문 3 :** 나 – 즐겁게 게임을 한다.
  할머니 – 드라마를 보신다.
  할아버지 – 주무신다.
  아부지 – 신문을 보신다.
  첫째형 – 여자친구랑 문자를 주고받는다.
  둘째형 – 라면을 끓어 먹는다.
- **질문 4 :** 모두 즐거웠다고 함

패밀리(Family)란 단어는

한 마을에 가까이 살고 있으면서도 너무나 다르게 살아가는 두 가족이 있었다.

한 집은 서로 의지하며 행복하게 살아가는 데 반해, 다른 집은 하루가 멀다 하고 가족끼리 아옹다옹 다투며 살았다. 늘 다투는 가족이 하루는 이대로는 안 되겠다고 생각했던지 다정한 가족을 본받기 위해 그 집을 방문했다.

"우리는 가족끼리 하루가 멀다 하고 다투는데 어떻게 하면 이 집처럼 행복으로 가득 찬 가정이 될 수 있습니까?"

"글쎄요, 우리는 평생 다툴 일이 없는데요."

마침 행복한 가정의 딸이 방문한 손님들을 대접하기 위해 차를 내오다가 그만 접시를 깨뜨리고 말았다.

"어머 죄송해요. 제가 조심하지 못해서 이런 일이 일어났어요."

옆에서 지켜보고 있던 엄마가 유리 조각을 주워 담으며 말했다.

"아니란다. 이 엄마가 하필이면 그런 것에 접시를 둔 탓이지."

그 말을 들은 아버지가 말했다.

"아니오. 내가 그만 깜박 잊어버렸소. 미안하오."

늘 다투는 집의 가족들은 그들의 대화를 듣고는 뭔가 깨달은 듯이 고개를 끄덕이며 조용히 일어났다.

"정말 행복은 가까이 있었군요. 우리는 그동안 나 자신보다는 상대방의 탓만 하고 지냈습니다. 하지만 이제부터는 그런 일이 없을 겁니다. 우리도 사랑이 무엇인지 알게 되었으니까요."

가족(Family)이란 단어는 "아버지, 어머니, 나는 그대를 사랑합니다(Father, Mother, I love you)."라는 문장에서 각 단어의 첫 글자를 합성한 것입니다. 아무리 사람 사는 방식이 달라진다 해도 하루 일과를 마치고 집으로 돌아와 가족들과 함께 지내는 시간이 삶의 온기를 불어 넣어준다는 사실은 변할 수가 없을 것이다.

사랑과 웃음이 그 집안의 공기가 되는 가족이야말로 행복한 가족이다. 서로가 서로를 이해하고 아껴주는 가족이야말로 행복한 보금자리의 주인들인 것이다.

[출처 : 윤문원(2002). 『아버지의 술잔에는 눈물이 절반이다』 새로운사람들]

가족에 대한 생각 넓히기

피는 물보다 진하다?

보이는 것이 다가 아닙니다

1분간 다음의 그림들을 조용히 보세요. 무엇이 어떻게 보입니까?

[그림 1]

[그림 2]

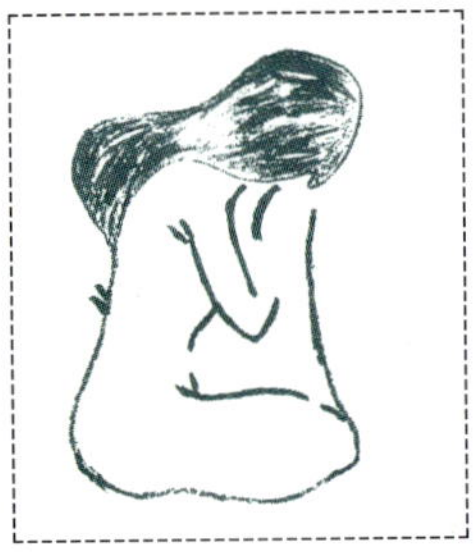

[그림 3]

[그림 4]

하나의 그림 안에 두개의 그림이 들어 있습니다. 보는 각도에 따라 '따로 또 같이' 보입니다.

그림 해설: [그림 1] 오리-토끼(90° 회전), [그림 2] 술잔(검은색)-옆얼굴,
[그림 3] 여자의 나신-남자의 찌푸린 얼굴, [그림 4] 천사-악마(검은색)

[그림 5]의 사람은 모두 몇 명인가요? 왜 그런가요?
[그림 6]의 정육면체는 모두 몇 개인가요? 왜 그런가요?

[그림 5]

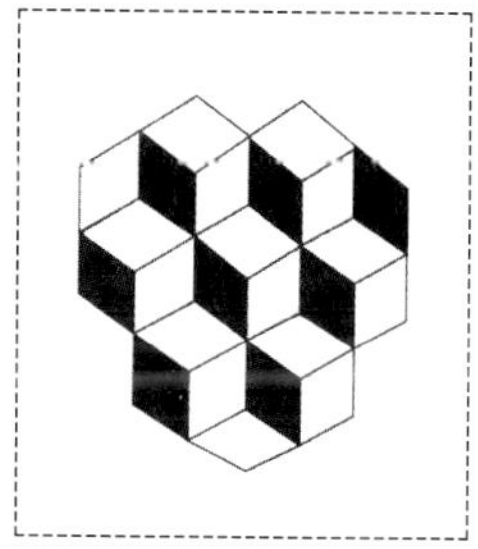

[그림 6]

[그림 5]와 [그림 6]의 사람의 수와 정육면체의 수는 정답이 없습니다. 보는 사람에 따라 여러 가지로 판단할 수 있습니다.

[출처 : 배경숙(2001).『학급활동으로 이어가는 집단상담』 우리교육]

학생들과 함께 '고정관념과 편견' 을 주제로 이야기를 할 때, 이 그림자료를 자주 활용한다. 아이들은 한동안 그림을 본 직후의 형상 속에 얽매여 있다. 그림 속 또 다른 그림을 읽어내는 데에는 시간이 필요하다. 성적 호기심으로 가득한 남자 중학생들은 여자의 나신 그림 속에서 남자의 찌푸린 얼굴 (그림 3)을 찾아내는 데 시간이 꽤 걸린다. 선생님의 친절한 설명을 들은 후에 '아하' 란 감탄사로 발견의 기쁨을 표현한다.

이 활동을 한 후 아이들은 자신의 주변에서 일어나는 일들이나 가까운 사람들의 모습이 자신이 보는 것이 전부가 아님을 알게 되었다. 그리고 지금까지 불완전한 자신의 눈으로 친구나 가족 들을 보며 오해하지 않았는지 각자의 생활을 되돌아보는 시간이 되었다. 더 나아가 사회적 편견으로부터 자유롭게 사고하는 것이 얼마나 필요한가를 깨닫게 하는 시간이 되었다.

통계청의『세대구성별 총조사인구』자료(2000년)*를 보면, 가족의 형태를 참으로 다양하게** 분류하여 조사함을 알 수 있다. 현실 속의 가족들은 이렇게 다양한 모습으로 살아가고 있는데, 우리 의식 속의 가족은 경직된 하나의 모습으로 그려지고 있는 것은 아닐까? 마치 그림 속 또 다른 그림을 찾지 못하는 것처럼…

---

* 비정기적으로 조사하는 자료로 2000년 자료가 최신 자료임

** 1세대 가구(부부, 부부+형제자매, 부부+기타 친인척, 가구주+형제자매, 가구주+기타 친인척, 기타 1세대 가구), 2세대 가구(부부+자녀, 편부+자녀, 편모+자녀, 부부+양친, 부부+편부모, 부부+자녀+부부의 형제자매, 조부모+손자녀, 기타 2세대 가구), 3세대 가구(부부+자녀+양친, 부부+자녀+편부모, 기타 3세대 가구), 4세대 이상 가구, 1인 가구, 비혈연 가구

"가족이란?" 질문에 모범 답안과 같은 '정상가족 이데올로기' 는 소위 혈연 중심의 가족의 범주에서 벗어난 사람들에게 편견을 의식하게 만들었고 상처를 주었다. 이제는 혈연중심의 가족관계 고정관념에서 벗어나 다른 차원에서 가족관계를 인식하는 훈련이 필요하다.

이제는 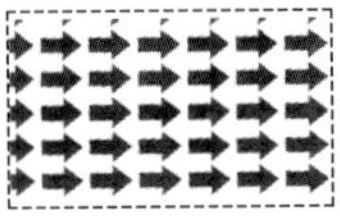 아래 그림 속의 오른쪽 화살표(검은색)와 왼쪽 화살표(흰색)가 모두 보일 것이다. 가족에 관한 고정관념을 버리고 가족에 대한 생각의 틀을 넓혀 나가자.

피는 물보다 진하다?

민법 779조의 "호주의 배우자, 혈족과 그 배우자, 그 가(家)에 입적한 자는 가족이 된다."라는 우리나라의 민법 조항은 가족의 범주를 혼인, 혈연, 입양으로 규정한다. 가족을 남녀의 결혼으로 결합하여 자녀 출생으로 이룩되는 혈연관계로 보고 있다.

그럼 우리와 함께 이 사회를 살아가고 있는 혼자 사는 600만 싱글들, 남녀가 생활공간을 함께 공유하는 동거족, 성탄이 엄마와 같은 비혼모들(조선일보, 2003년 12월 15일), 선천성 기형인 무뇌증을 앓는 아이를 두 번째로 입양한 전순걸 · 신주련 부부(2005년 5월 11일, 연합뉴스), 거리에서 만난 껌팔이 할아버지를 아버지로 모시고 떠돌이 아이들을 아들로 삼아 17년째 같이 생활하고 있는 가수 허송씨(2005년 EBS TV 똘레랑스 방송), 20명의 성이 모두 다른 아이들과 함께 사는 남순애씨(2005년 EBS TV 똘레랑스 방송), 봉사활동에서 만난 해맑은 얼굴의 7살박이 자폐아를 키우는 총각 아빠 임동일씨(2003년 12월 KBS TV 인간극장 방송) 등 가족의 경계를 넘어선 그들의 삶은 가족의 범위를 어디까지로 볼 것인가에 대해 고민하게 된다.

피를 나누지 않았어도, 성을 나누지 않았어도 우리는 가족이라고 당당히 말하는 아이들을 보면서 피가 섞여야 가족이라는 편견으로부터 자유로워야 한다. 아이들의 보호자이지만 법적인 가족이 아니라 의료보험 혜택을 받지 못해 병원가기가 어려운 이들을 보면서 평범한 가족 대신 새로운 가족을 선택한 이들에게 부당한 사회적 차별이 없어졌으면 한다.

지금 이 시대를 '가족 다양화의 시대' 로 인정할 것인가? 아니면 '가족 해체와 위기의 시대' 로 볼 것인가? 이 두 가지 물음에 대해 새롭게 고민해 보자.

1) 공동체 가족

가족의 경계를 넘어서

수미 씨는 최근 영주 씨와 함께 살고 있다. 수미 씨와 영주 씨는 각각 전 남편과 이혼을 하였으며, 그들에게는 자녀가 각각 2명이 있다. 그들은 이혼 후 아이들을 돌보기 위해 일용직으로 일하고 있다가 같이 살기로 한 것이다. 두 가족이 합한 후 아이들에게는 두 분의 어머니가 생겼으며, 학교에 일이 생겼을 때도 두 분의 어머니 중 한 분이 학교에 가시곤 하고, 집에 왔을 때도 거의 두 분 중 한 분이 계셔서 집안이 훨씬 안정되어 수미 씨, 영주 씨뿐만 아니라 4명의 아이들도 모두 만족하고 있다.

▷ 누구까지를 가족으로 보아야 할까요?
그렇게 생각한 이유는?

해보기

아름다운 동거

근육질 많은 역삼각형 몸매로 섹시하면서도 코믹한 엉덩이춤을 추는 라이브 무대 가수 허송(40).

- 괴팍함에다 삐치기까지 잘하는 이 노인.
- 말이 거의 없는 반항아 동현, 함께 야학에 다니는 동수와 상우.
- 가수 허송은 거리에서 껌을 팔던 이 노인을 아버지로 모시고, 떠돌이 아이들을 아들로 삼아 하남시 방 세 개짜리 집에서 둥지를 틀고 가족으로 함께 살아가고 있다.

- 자유로운 삶과 가족이라는 구속 사이를 해매 이들 동거인들은 차차 그의 따뜻한 품속으로 날아드는데.......
- 변함없이 가정을 지키고 있는 어미 새 같은 허송과 괴짜 동거인들.
- 허송은 집안의 가장, 아버지는 청소 담당, 동현은 밥 짓기 등으로 역할을 나누고, 한 달에 한 번 있는 가족회의를 통해 힘든 속 마음 이야기를 나누면서 정서적 공감대를 키운다.
- "우리 아이들은 서로 피를 나누지 않았지만 서로 나눠 줄 마음을 갖고 있는 공동체 가족"임을 당당하게 이야기하는 허송. 혈연보다 소중한 인연으로 맺어진 다섯 남자들의 '아름다운 동거'는 계속되고 있다.

[출처 : KBS TV 인간극장. 2003년 4월 21일 방영]

▷ 허송 씨의 공동체 가족과 전형적인 가족(결혼과 혈연으로 맺어진 가족)은 어떤 차이점과 공통점을 가지고 있나요?

▷ 허송 씨 가족은 유대감을 키우기 위해 각자 어떤 노력을 해야 할까요?

▷ 허송 씨 가족이 유대감을 키우는 데 장애가 되는 것에는 어떤 것이 있을까요?

▷ 우리 가족의 유대감을 키우는 데 장애가 되는 것에는 어떤 것이 있을까요?
허송씨 가족과 차이가 있나요?

해보기

일상을 공유하는 이웃사촌

도시 공동체 운동 : 살고 싶은 성미산 마을 만들기

2001년 서울시 마포구 성산동의 마포 두레 생활협동조합에서 시작되었다. 가족의 경계를 확장하고 새로운 문화를 가꾸어 나아가는 공동 육아 협동조합의 부모들이 공동체 운동으로 발전시켜 도시 안에서 생태적으로 살고자 하는 욕구를 공동체 생활로 구현하였다.

"음식물 쓰레기 줄이기"를 목적으로 한 곳에서 유기농 반찬을 조리하여 각 집으로(40여 가구 정도) 나누는 동네부엌, "쓸만한 것은 계속 쓰자"라는 취지에서 소비적인 정비를 지양하고 불필요한 부품은 교환하지 않아 환경보호 측면에도 도움이 되는 차병원, 성미산(해발 65m) 지키기 운동 등을 통해서 대안가족, 대안사회를 만들어 가고 있다. 주민들은 산이 우리를 새로 태어나게 하여, 이웃끼리 맺어진 마음으로 함께 산다는 것의 의미를 알게 되었다고 한다.

[출처 : EBS 똘레랑스 – 차이 혹은 다름, 2004년 8월 24일 방영]

도시 담을 허물다 : 공간의 재구성, 담 허물기, 지금… 골목 녹색 혁명이 시작되고 있다

본래 담의 역할은 건축물이나 부지를 둘러싸고 그것을 보호하거나 경계를 설정하는 것이다. 과거 선조들의 싸리담, 돌담 등의 전통담 너머엔 공동체 의식이 살아 있었고, 낮은 담 위의 담쟁이는 골목길 풍경을 더욱 아름답게 만들기도 하였다. 그러나 담은 콘크리트로 점점 높아지고, 위협적인 형태로 변하면서 단절과 권위의 상징이 되었다.

1998년 대구의 한 시민운동가의 발상으로 시작된 담 허물기는 1999년부터 확대되기 시작했다. 대구의 담 허물기 운동은 마을 녹지화와 공동체 회복이 목적이었다. 대구에서만 지금까지 약 16km의 담이 허물어졌고, 콘크리트담이 있던 공간엔 77,000여 평의 녹지가 형성되었다. 높기만 했던 미술관의 턱이 담을 허물면서 아이들의 놀이공간으로 변했고, 담장 안의 개인 정원은 주민 모두를 위한 쉼터로 바뀌었다. 주민들은 담이 없는 골목길이 아름다워졌고, 통행하기에도 좋아졌다고 말한다.

담을 허무는 동안 주민들이 겪은 변화는 지금까지 '담'이 주거 환경과 시민의식에 어떤 악영향을 미쳤는지를 반증해주고 있다. 집 앞의 '담'을 허물면서, 마음속 '담'까지 허물어진 것이 아닐까?

서울시에선 지난 2003년부터 담을 허물어, 그 공간에 녹지공간과 주차공간을 만들어 주는 사업을 추진중이다. 일부 주민들의 반대로 어려움을 겪고 있는 곳도 있다. 담 허물기를 꺼리는 주민의 대부분은 외부인 침입문제와 사생활 침해를 이유로 든다. 때문에 담을 허물겠다는 주민들과 허물지 않겠다고 하는 주민들 간에 보이지 않는 갈등이 생기기도 한다. 하지만 범죄심리학자들은 담이 없어지면 자연스럽게 집과 거리가 보이기 때문에 '자연적 감시'가 되어, 오히려 범죄가 줄어든다고 말한다. 이처럼 담을 허물기까지의 과정은 주민 의견 수렴부터 설득에까지 보통 6개월 이상 소요된다. 그만큼 담을 허무는 것은 쉽지 않은 결정이지만, 막상 담을 없애고 나면, 사유공간이면서 공적인 활동과 연결되는 '세미퍼블릭'한 공간이 창조되고, 녹지 공간이 늘어나는 등의 개선 효과가 나타난다.

허물어진 담 너머로 공동체 생활이 싹트는 것이다.

[출처 : KBS TV 환경스페셜 217회. 2005년 4월 27일 방영]

이웃과 더불어 사는 주거생활단지 코하우징(Co-housing) 공동체

어떤 종류의 주거가 직업과 육아를 성공적으로 결합시켜 줄 수 있을까?

어떤 종류의 주거가 독신으로 살고 있는 사람들의 이웃관계를 증진시켜 줄 수 있을까?

어떤 종류의 주거가 노후를 맞이한 사람들의 삶을 활기차고 의미 있게 만들어 줄 수 있을까?

이런 요구사항을 반영하기 위한 의도에서 개발된 집이 코하우징 집이다. 장소와 이웃에 대한 공동체 의식을 재창조하기 위한 현대적 모델로서 개인주택의 규모를 줄이고 공유 공간을 넓혀 각 세대가 개별적으로 소유하는 것보다 더 쾌적한 설비를 공동으로 구입하고 사용한다. 즉 공동체 주거에서 생활함으로써 공동 세탁, 공동 저녁식사, 공동 육아, 공동 취미활동 등을 통하여 핵가족에서 지원받을 수 없던 일들을 서로 도움을 주고받을 수 있게 되었다.

예) 덴마크의 팅고든 코하우징

(a) 가구수 : 169가구를 13가구를 소집단으로 구성하여 40~60명이 공동생활을 하도록 계획함

(b) 주택유형 : 1실 침실형에서 5실 침실형까지 11가지로 다양함

(c) 공동생활시설 : 공동부엌, 식당, 거실, 회의실, 어린이 놀이방, 세탁실, 공동 마당 등

(d) 조리활동 : 순번제로 협력해서 하고 어린이 양육도 분담하고 있다.

[출처 : 주거학연구회(2004). 『안팎에서 본 주거문화』 교문사]

▷ 위 세 가지 사례 중에서 어떤 곳에서 살고 싶은가요? 그 이유는?

▷ 지금 내가 살고 있는 곳을 위와 같은 공동체로 만들려고 할 때 예상되는 문제점은 무엇인가요?

▷ 위 문제점을 극복할 수 있는 방법은 무엇일까요?

▷ 이러한 공동체 생활은 핵가족과 비교하여 어떠한 좋은 점이 있을까요?
(자녀 양육, 노인 부양, 부부 갈등, 맞벌이 가족 등과 관련)

▷ 지금 이러한 공동체들이 점점 많이 생겨나고 있으며, 주목받는 이유는 무엇일까요?

내 가족에서 우리 가족으로

“삶에는 정답이 없다.” 여성학자 오한숙희(44) 씨의 가족살이를 몇 시간 훌긋 들여다보며 든 생각이다. 우리가 흔히 ‘정상’, ‘보통’이라고 말하는 데는 얼마만한 폭력이 숨어 있을까. 나와 다르다는 이유만으로 당신은 얼마나 그들을 멀리하고 심지어 미워하려 노력하기조차 했는가.

오씨의 가족은 얼마 전 남자조카가 합류하기 전까지 여자만 여섯 명 모여 사는 ‘여인천하’였다. 집에서 키우는 개(화이트)와 고양이(애옹)까지도 암컷이다. 그는 서울에서 1시간도 채 안 걸리는 김포 고촌 마을의 2층 단독주택에서 어머니, 시집 안 간 작은 언니, 두 딸, 두 조카(큰 언니의 아들 딸)와 함께 살고 있다. 오씨의 둘째딸은 흔히 자폐아라고도 부르는 발달장애아며 조카는 휠체어를 타는 장애인이다. 여기에 오씨를 따르는 후배들 내외와 친구들, 심지어 기자까지 쉴 새 없이 들락거려 그의 집은 24시간 오픈 하우스 상태다. 식구 구성원 한 사람 한 사람을 따로 불러 남들과 다르게 사는 가족살이에 대한 나름의 속내를 캐보았다.

 # 큰 딸 장희록(15 · 중3) | 학교에서 장난치다 다쳤다며 다리를 절룩거리고 나타났다. “왈가닥이구나.” 했더니 대뜸 “활달한거죠.” 하는 당찬 대답이 돌아온다. “사람들은 모두 자기만의 사정이 있잖아요. 여자끼리 사는 걸 안타까워하거나 슬퍼한 적은 없어요. 남자가 없어 불편한거요? (킥킥) 아예 없어요. 못 박거나 무거운거 들 때는 주말에 아저씨들(오씨 후배의 남편들)이 해줘요. 동생은 (내가 공부하느라) 바빠서 잘 못 놀아줘요. 엄마하곤 의견이 잘 맞아요. 엄마는 내가 물어보면 다 얘기해줘요. (엄마에 대한 불만이 없느냐는 유도질문에 대해) 엄마하고 얘기가 안 통해 고민하는 친구들이 많아요. 엄마는 친구 같은 면도 있고 엄마다운 모습도 있죠. 제가 게을러서 방 안 치우고 해서 매일 혼나요. 대신 혼낸 다음에 잘 풀어줘요. 그런 점이 고마워요. 음, 언니 오빠(오씨의 조카들)하고는 별로 얘기할 시간이 없어요. 언니도 직장 다니느라 바쁘고 오빠도… . 만화가가 되는 게 1번 꿈이에요. 고등학교는 대안학교 갈까 해서 고르고 있는 중이에요.”

 # 어머니 한숙자(73) | 77년에 영감님과 사별했다. 오씨가 이혼해 다시 합치기 전까지 작은 언니랑 함께 살았다. 말수가 적다. 오씨의 이혼 직후 어떤 기자가 오씨 대신 한씨와 통화한 뒤 악의적 기사를 써 상처를 받은 적이 있다. 그래서 말을 아끼는 거라고 옆에서 작은 언니가 거들었다.

“안쓰러워. 퇴근시간도 없이 강연하러 다니고 밤에는 상담하느라 잠도 못자고…. 쟤가 이혼하고 둘째를 낳았을 때 제일 힘들었지. 애들이 커서 아버지 생각을 하게 되면 어떻게 하나 걱정도 해 . 남 사는거 보고 ‘아 그렇구나’ 하고 인정하면 좋은데 생각을 달리

하는 사람들이 있어. 노인네 혼자 사는게 아니구 손님들이 많이 와서 괜찮아요. 주말에는 후배들 신랑들도 오구 하니까. 들락날락거려도 가족 같은 사람이다 생각해서 편해. 기자 양반도 나중에 일 하는 거 말고 그냥 놀러 와요."

 # 시집 안간 작은 언니 오진희(47) | "바깥 일하는 숙희는 아빠, 살림하는 나는 엄마 역할 하는 셈이죠. 집안사는 서로 의논해서 정해요. 대강 말 꺼내는 사람을 따라주죠. 숙희가 막내라도 예견력이 있어 언니들한테 인정을 받아요 . 숙희가 이혼한 다음 힘들어 했었죠. 체중이 15kg나 빠졌어요. 한동안 외국여행 갔다 와서 차분해지더니 다시 일 시작하데요. 둘째 희령이가 나를 많이 따라요. 당연하죠. 나하고 있는 시간이 제일 많으니까. 엄마가 처음에는 희령이 때문에 힘들어했지만 이젠 있는 대로 받아들이죠. 모든 일을 희령이 중심으로 맞춰가고 있어요. (계속 혼자 살거냐고 물었더니) 다른 사람들이 혼자라고 생각하네요. 이렇게 여럿이 사는데도. 결혼을 할지 안 할지는 모르지만 이 집을 떠나 사는 건 어려울 것 같아요. 어머니하고 떨어져 산다는 건 용납이 안 되거든요. 엄마가 김포 온 다음해 중풍으로 쓰러졌다가 이제 거의 회복됐어요. 벌써 김포 산 지 8년이나 됐네요."

 # 조카딸 라다경(22) | 목동 행복한세상 백화점의 제과부에서 일한다. 3년제 녹색대학에 진학해 유기농법 등 녹색식품학을 공부할 계획이다. "몸에 좋은 빵 친환경음식을 만들어보고 싶어요. 초등학교 5학년 때, 그러니까 둘째 희령이 태어났을 때 올라왔으니 13년 됐네요. 오빠는 고등학교 졸업한 다음 여기 왔죠. 이모랑 할머니랑 얘기하는 일이 많아요. 힘든 건 없어요. 마음에 상처를 받은 적도 없고. 집안 이야기하면 사람들이 오히려 재미있어 하고 남자 없어 편하겠다고 얘기하는 친구도 있어요. (후후) 저요? 아직 남자친구 없어요. 그래서 우리 집은 금남(禁男)이 아니라 환남(歡男)의 집이죠. 손님이 많아서 사회정보를 골고루 얻을 때가 많아요. 음, 손님이 손님 같지 않아서, 오나마나 상관없어요. 우리 집은 오픈된 집이에요."

 # 조카 라경민(23) | 개별 인터뷰 말미에 휠체어를 타고 귀가했다. 장애인용 차 앞에 대형차가 무단 주차해 꼼짝없이 1시간이나 갇혀 있다 오느라 늦었다는 이야기를 환하게 웃으며 했다. 많은 말을 나누진 못했다.

"대학에서 인터넷 비즈니스를 전공하고 있어요. 지금 현장실습 나가 일하고 있습니다. 취업이 제일 고민이죠, 뭐. 직장 얻고 나면 당연히 독립할 거예요. 희록이랑 희령이한테요? 별로 도움이 안 되죠. (얼굴이 붉어 술 한 잔 했느냐고 묻자) 아뇨, 오늘은요. 가끔 술 한 잔씩 해요. 이모(오한숙희)가 걱정하죠." (하하)

 # 본인 오한숙희 | 가족을 한 사람씩 인터뷰하고 있는 동안에도 오씨는 국수 말랴 희령이 돌보랴 쉴새 없이 움직였다. 일하고 살림하고 글 쓰고 상담하느라 잠을 많이 못 잔다는 고백이 이어졌다.

"여자들끼리 씩씩하게 사는 '안토니어스 라인' 이란 영화 보셨어요? 그야말로 우린 한토니어스 라인인 셈이에요. 이웃과 넘나 들이 하면서 사는 걸 배웠어요. 나도 우리 가족도 남에 대한 경계의식이 없어요. 원래 사람 좋아하고 그들이 오가는 걸 자연스럽게 받아 들였죠(벽에 신영복 선생의 글씨로 '한솥밥' 이라 쓴 액자가 걸려 있다). 식구들은 독립해서 내보내야죠. 밖에 혼자 살아봐야 해요. 우리집은요, 제가 어릴 때부터 실향민 가족 특유의 분위기가 있어 언니, 오빠 간 사촌 구분 없이 자랐어요.

김포집을 처음 찾는 양반들은 야 이렇게 살면 좋겠네 하지만 당대에는 안 될 거예요. 삶의 온상은 가족입니다. 가족에게 잘하고 잘 베푸는 사람이 세상의 타인과 좋은 인간관계를 맺고 살 수 있죠. 사회적 동물이란 남자가 가족에게 돌아왔을 때 생기는 불협화음은 남자만의 비극에 그치지 않아요. 아예 잘 유지됐던 판 자체가 깨지는 경우가 많아요. 가족이란 꼭 혈연이라고 생각지 않아요. 제 홈페이지로 알게 된 후배가 5명쯤 되는데 두세 팀이 오면 다 한 뱃속 딸들처럼 쓸고 닦고 난리예요. 남편들도 덩달아 고치고 최고 바쁘죠."(웃음)

[출처 : http://www.ohsuki.co.kr]

2) 입양 가족

우리나라 국내 및 해외 입양 현황은 어떨까?

연도	국내입양	해외입양	계
1958~1960	168	2,532	2,700
1961~1970	4,206	7,275	11,481
1971~1980	15,304	48,247	63,551
1990	1,647	2,962	4,609
2000	1,686	2,360	4,046
2004	1,641	2,258	3,899
누 계	**24,652**	**65,634**	**86,387**

[출처 : 통계청(2005)]

▷ 국내입양 수와 해외입양 수에 큰 차이를 보이는 것은 어떤 이유 때문일까요?

입양하기까지

한 번의 출산 두 번의 유산 / 자녀는 하나님의 축복?

다준이 때 나는 입덧이 무척 심했다. 살아오면서 육체적으로 가장 힘들었던 시기였던 것 같다. 내 몸이 내 마음대로 되지 않는 상황에서, 겸손을 묵상해 볼 수 있었던 것 같다. 몸에서 먹는 것을 받지 않아서, 그야말로 에너지가 없어서 누워 지냈다. 건강하고, 내가 원하는대로 활동할 때에는 알 수 없었던 것들을 느끼며 깨닫는 시간이었다.

하나님을 믿는다고 했지만, 하나님을 전적으로 의지하기 보다는 그동안 내가 얼마나 나 자신을 의지하며 살아왔는지를 알 수 있었다. 아무것도 할 수 없었기에, 나를 향한 하나님의 조건없는 사랑을 깊이 실감하는 귀한 시간이었다. 다준이를 낳기 전에는 입덧이 심해서 다시는 아기를 낳고 싶지 않다고 생각도 했었는데, 다준이를 키우다 보니 동생을 낳아야 겠다는 생각이 들었다.

그런데, 두 번이나 유산이 되었다.

첫 번째 유산은 출혈이 되면서 빨리 진행이 되었고, 두 번째 유산은 시간이 오래 걸렸다.

두번째에는 입덧도 하고 있었기 때문에, 의사선생님 말씀에도 불구하고, 나는 속으로 "유산되지 않을 것 같다."고 생각했다. 유산이 되지 않더라도 아기가 건강하지 않을 수 있다는 말이 있었다. 나는 막연하게나마 하나님께서 허락하시는 모든 것을 받아들이겠다고 기도했고, 남편은 하나님께 건강하지 않은 아기는 자신이 없다고 기도했다고 한다.

어쨌거나 두 번째도 유산이 되었다. 두 번의 유산을 통해 다준이가 건강하게 태어난 것에 대해 더 감사하게 되었다. 첫 번째 유산 때는 많이 슬퍼했지만, 두 번째에는 아기는 하나님이 주신다는 생각 때문에 내 마음에 자유함이 있었다. 두 번의 유산이 어떤 의미로 내게 오는지 명쾌하게 알 수는 없었지만, 내 삶의 모든 부분에서 하나님을 인정하고 싶었고, 하나님께서는 내게 마음의 평안을 주셨다.

남편과 이야기하면서 우리가 꼭 아기를 낳겠다는 생각은 접기로 했다.

이 결정이 쉬웠던 이유는 내가 입덧이 심해서 남편도 입덧이라면 무서워했고, 또 유산을 한다면 내 몸도 안 좋을 것 같고, 우리 부부가 아이를 끔찍히 예뻐하거나 자식 욕심이 많은 편이 아니었고, 누가 봐도 건강해 보이는 내가 두 번이나 유산된 것이 우연으로 생각되지 않았기 때문이다.

그렇다고 해서 이때 입양을 결정하거나 고려한 것은 아니었다. 입양은 여전히 자신이 없는 분야였다. 어쨌거나 두 번의 유산을 통해 평안과 자유함이 있는 중에서도, 한 가지 궁금한 것은 '자녀는 하나님의 축복이라고 했는데, 왜 나에게는 그 축복을 한 번만 허락하시는 것일까?' 하는 거였다.

다인이를 입양하고 보니, 하나님께서는 우리 부부에게 우리가 원하는 것 이상으로 자녀의 축복을 이미 허락하셨음을 알 수 있다. 나는 기껏해야 둘 정도를 낳을 생각으로 '자녀는 하나님의 축복' 운운했는데, 하나님은 "네가 원하는 만큼 축복해 주겠다."고 하시는 것 같았다. 입양이라는 제 2의 출산을 통해서. 에구구! 이제 나는 "네가 얼마나 많은 축복을 구하고 있느냐?"하는 질문 앞에 떨고(?) 있다.

엄마와 엄빠, 다준이의 마음이 준비되다

교회에서 다준이와 비슷한 나이의 하선이가 입양되어 자라는 것을 보면서, 또 한국입양홍보회 양부모모임에 자원봉사를 하면서, 양부모님들과 아이들을 접하게 되면서, 나도 입양하고 싶다는 마음이 울컥울컥 생기곤 했다. 그러나 입양을 하겠다는 생각까지는 할 수 없었다. 남편도 자신없다고 한 일을 내가 어찌 꿈꾸겠는가?

그런데 남편이 "우리도 입양을 하면 어떨까?" 하고, 먼저 이야기를 꺼낸 것이다. 2002년 2월 설 연휴에 여느해처럼 우리 가족은 부모님이 계시는 포항을 다녀왔다. 내가 교회 문화센터 십자수반을 맡았기 때문에, 오고 가는 차 안에서 나는 십자수를 했고, 남편이 다준이와 놀아 주었다. 내려갈 때도 시간이 많이 걸렸고, 서울로 돌아오는 데는 무려

14시간이 걸렸다. 다준이와 놀아주는 것에 지친 남편이 "다준이보다 머리하나만큼 작은 동생이 있으면 좋겠다." 했다.

내가 웃으면서 그러기엔 너무 늦었다고 했다. 다준이가 벌써 다섯 살 아닌가?

바로 이때 남편이 입양이야기를 꺼낸 것이다. 나는 놀랍기도 하고, 기대가 되기도 하고, 두렵기도 하고, 떨리기도 하고, 마음이 복잡했다. 남편은 이거다 싶으면 하는 단순한 성품의 사람이다. 나는 남편의 그런 면이 참 좋다.

다준이는 다인이보다 4달 빠른 사촌 '한' 이의 출생 이후, 동생을 달라며 무지하게 조르고 있었다. 언젠가는 현이네, 주희네와 같이 차를 타고 가고 있었는데, "우리도 아무거나 아기 좀 데려와 –"라고 절규(?)해서, 모두 웃기도 했다(예언자 다준이?). 다준이에게 "다준아, 동생이 생기면, 엄마는 동생이랑 자야 되고, 엄마가 다준이를 재워 줄 수도 없고, 엄마 찌찌도 동생이 만져야 하는데, 정말 동생이 있으면 좋겠어? 한번 생각해 봐."했다. 바로 전까지도 동생타령을 하던 다준이 얼굴에 수심이 가득 찼다.

엄마를 양보하는 것이 동생을 맞이하는데, 치뤄야 할 대가임을 이해한 것이다. 나는 잊고 있었는데, 조금 있다가 다준이가 "엄마, 나 생각 다 했어." 했다. 고민이 해결되었음을 말해주는 환한 얼굴로 "동생 오면, 내가 아빠랑 잘게." 했다. 다준이도 동생 맞을 준비 끝!!!

고민과 조언들

연희 언니네로 상의하러 갔다.

남편이 가장 궁금해 했던 것은 "동생이 필요하다는 생각으로 입양을 해도 되는가?"였다. 아이에게 가정이 생기고, 엄마, 아빠, 형제, 친척이 있다는 것이, 얼마나 필요하고 중요한 것인지 말씀해 주셨다. 어려서 미국으로 입양되었다가 성장하여, 결혼한 부부를 집으로 초대했다. 둘 다 미국인 양부모의 사랑을 많이 받고 잘 자란 사람들이었다. 이분들은 우리의 입양결정을 축하해주고 격려해 주었다. 입양된 아이가 친자와 자신을 똑같이 사랑하는지 궁금해 할 것이라고 했다. 남자분은 자신의 양부모님을 사랑하고, 그분들을 자신의 부모라고 생각하지만, 친부모가 궁금하고 만나보고 싶다고 했다. 입양을 하면 아이가 친부모에 대해 궁금해 할 것이라고 했다. 미국으로 입양된 경우, '부모가 나를 버렸다' 는 생각보다 '나라가 나를 버렸다' 는 생각을 하는 경우가 많다고 했다.

나는 "우리집으로 올 아이가 우리집보다 더 좋은 집으로 입양될 수도 있지 않을까?", '아이가 커서, 나를 정말 엄마로 받아들여 줄까?' 등의 걱정이 있었는데, 이분들과의 만남을 통해서 더 이상 그런 생각은 하지 않기로 했다.

대한사회복지회 김과장님이 친절하게 입양상담을 해주셨다. 우리는 건강한 아이였으면 좋겠다고 말씀드리고, 기다리고 있었다. 기다리는 동안 여러 가지 생각이 들었다.

내가 잘 키울 수 있을까?, 다준이도 세심히 잘 보살피지 못했는데 입양해서 잘 키우지 못하면 어떡하나, 아기가 클 때까지 건강할까, 태교가 영향을 미치지는 않을까? 정말 아무런 문제도 없을까 등등.

상담하는 중에 미국에서는 친모가 입양부모를 선택하기도 한다는 말을 들었다. 갑자기 '과연 어떤 아기가 오게 될까?' 하고 내가 불안해하는 것처럼, "우리 아기가 과연 어떤 집으로 입양될까? 하며 친모가 얼마나 불안할까?" 하는 생각에 마음이 절절해졌다. 이 생각이 들고 나니, 나는 더 이상 귀한 아기를 두고, '어떤 아기일까?' 불안해하지 말아야겠다고 생각했다. 하나님께 맡기고, 우리에게 허락하신 귀한 아기를 감사함으로 받아들이기로 결심했다.

[출처: http://mpak.co.kr/ → 일기마을]

▷ 입양가족의 사례를 읽고, 입양에 대한 생각을 나눠 봅시다.

▷ 입양인의 날 '5월 11일' 의 의미를 알고 계십니까?

2005년 3월 2일, 국회보건복지위원회에서 '입양인의 날' 제정이 의결되었습니다. 가정의 달 5월에 한 가족(1)이 한 아동(1)을 입양해 '건강한 새로운 가족(1+1)'으로 거듭난다는 의미를 지니고 있다. 국내 입양이 시작된 지 50년 만의 결실입니다. 입양의 날 제정에는 이 땅에 태어난 아이들이 모두 우리나라에서 키워져야 한다는 소망이 담겨 있습니다. 입양은 가슴으로 낳은 사랑입니다.

▷ 입양에 도움을 주는 곳

- 한국입양홍보회 : MPAK (Mission to Promote Adoption in Korea)
- 홀트
- 동방사회복지회
- 대한사회복지회
- 성가정입양원

3) 재혼 가족

우리 사회의 혼인 수와 이에 따른 이혼율과 재혼율은 어느 정도일까?

연도(년)	혼인수(건)	이혼율(%)	재혼율(%)
1995	398,484	17.1	6.4
1996	434,911	18.4	6.6
1997	388,591	23.5	7.2
1998	375,616	31.3	8.1
1999	362,673	32.5	9.3
2000	334,030	35.9	13.1
2001	320,100	42.2	15.5
2002	306,573	47.4	17.2
2003	304,932	54.8	18.3
2004	310,944	44.8	20.4

[출처 : 통계청(2005)]

*이혼율, 재혼율: 각 연도의 혼인 수를 100%로 하여 환산함.

새로운 계부모 역할 찾기

친부모는 아니지만 부모 역할을 하는 사람, 이것이 요즘 우리 재혼가정의 새 부모들이 생각하는 계부모의 역할이다. 더욱 적극적으로 친부모와 다른 영역에서 자신의 역할을 찾아 아이들 입장을 이해하고, 비현실적인 기대를 버림으로써 갈등을 줄여 나가는 사례들도 생겨나고 있다.

"우리 아이들이 한국 학교를 다니고 한국에서만 자랐으면 많이 힘들었을 텐데, 상당히 많이 준비된 아이들이었고, 외국인 학교라는 특성상 이혼하고 재혼하는 그런 가족이 많아요. 우리 아이들의 이해의 폭이 넓은 상황이었죠. 우리 아이들 자체가 엄마는 엄마지만 생물학적 엄마는 아니다, 처음에 애들은 우리 아빠랑 살고 있는 여자로 나를 치부했어. …엄마가 하는 일을 요구하면서 감정적으로는 그렇게 대하니까 상처가 됐었는데, 내가 자꾸 아이들 입장에 서서 '내가 저 아이였다면…' 하고 생각하니까 충분히 이해가 가요. 몇 달 동안의 투병 끝에 그렇게 되면 상처도 많았을 테고, 갑자기 변화되어 버린 상황에서 아버지 옆에 엄마가 아닌 다른 사람이…. 아이들을 섭섭하게 생각하는 것은 내 문제다. 내가 털어버리고 내가 해결할 문제지 이걸로 인해서 내가 아이들과 나빠질 문제는 아니다. …그 남자와 결혼했을 때는 남자하고만 하는 게 아니라 애하고도 같이 하는 거니까. …내 위치에서 최선을 다하지만 뼈 빠지는 희생은 안 한다. 희생을 해 놓고 나중에 내가 너희를 어떻게 키웠는데, 이런 소리는 하고 싶지 않다. 친엄마 같으면 더 희생을 했겠지만 나는 이것이 내 한계라면 내 한계 속에서 하고, 그래야 나도 건강한 거지. …일이 년을 살고 마는 거라면 최선을 다했겠지만 몇십 년을 같이 살아야 하는 거니까. 장기적인 것으로 볼 때 나도 내 자신을 보호하고, 우리 아이들한테는 내 위치에서 할 수 있는 최선을 다하고, 나중 일을 기대하지 않고 한계선을 넘어서 희생, 봉사하다가 나중에 상처받고 패잔병이 되어서 돌아오지는 않겠다….”

'계모' 가 '생모' 를 대신하는 자리는 아니고, '오래 같이 살고 부모 역할을 하는 사람' 으로 자신의 위치를 정의한다. 자녀가 생모와 갖는 관계, 자신과 갖는 관계는 별개의 영역이며, 따라서 서로가 서로의 관계를 망칠 일은 없다고 생각하고 있다.

“나는 이번 여름방학에도 아이를 생모에게 보냈고, 집에서 아이는 생모에게 전화통화도 한다. 나는 생모의 자리를 대체하는 식은 아니라고 생각한다. 걔는 걔 엄마가 있는 거고, 나는 또 오래 같이 살고 부모 역할을 하는 사람으로서 관계가 있는 거라고 생각한다. 생모와의 관계가 우리 관계를 망치는 것 같지 않다. 그거는 그거고, 우리는 우리다.”

계부모들이 역할 모호성으로 인한 어려움을 겪고 있는 현실에서 사회적으로 다양한 가족 관계에 대한 그림이 그려져야 한다.

완벽한 부모가 되지 않더라도 새 자녀와 한 가정을 이루며 사는 것 자체만으로도 훌륭한 부모가 될 수 있다고 믿자. 친부모라고 해도 완벽하게 좋은 부모가 되기는 어렵다. 아이들이 새부모 밑에서 자라는 데 저항이 생기는 것은, 친부모보다 '나쁘기 때문' 이 아니라 '다르기 때문' 이란 점을 생각하자.

[출처 : 장혜경 · 박정아(2002). 『당당하게 재혼합시다』 조선일보사]

해보기

재혼가족에 대한 편견

작년 2월경 결혼한 주부입니다. 남편도 저도 결혼생활에 실패한 경험이 있고, 남편에게는 초등학교 1학년에 들어간 딸아이가 있습니다. 아이는 제가 친엄마인 줄 압니다. …아이는 제게 잘 보이려고 무척 노력합니다. 표현도 잘하고 밝고, 하지만 아이 학교에 여느 학부모처럼 드나드는 것은 힘든 일이었습니다. 가족사를 오픈하고 다닐 수도 없는 상태니까요. 한데 오늘 학교에 갔다가 충격적인 얘길 담임선생님으로부터 들었습니다. 아이의 정서가 불안정하고 교우 관계가 원만하지 못하며 남학생들로부터 무시당하고 애정 결핍 현상 같은 걸 보인다는 겁니다. (한국가족교육상담연구소 상담사례)

저희 엄마께서 이혼하셨는데, 그때가 아마 제가 5살이었을 거예요. 그래서 말릴 수도 없었구요. 그리고 아빠께선 지금 딴살림 차리고 살고 계십니다. 전 살면서 거짓말을 하고 있답니다. 제 친구나 선생님은 저희 엄마 아빠가 이혼한 줄 몰라요. 그냥 평범하고 행복한 가족인 줄 아시죠. 지금이라도 털어놓고 싶지만 그렇게 하면 친구들이 절 피할 것 같고, 지금의 태도와는 많이 달라질 것 같고, 또 두려워요. 제가 가장 듣기 싫어하는 말 중 하나가 "너희 아빠 뭐 하시니?"에요. 친구나 선생님께서 물어보시면, "아, 회사 다니세요." 그래요. 그리고 2~3년 전에 엄마께서 동사무소에 가셔서 주민등록에 나오는 가족사항을 아빠 빼고 엄마, 언니, 나 이렇게 세 사람으로 등록해 놓으셨어요. 선생님께서 조사하셔서 알까 봐 두렵기도 하구요. 어쩔 땐 엄마가 너무 원망스러워요. (동그라미 사이버 청소년상담실 상담사례)

▷ 재혼가족이 적응을 원활하게 하기 위해서는 사회적 인식이 어떻게 변화해야 할까요?

해보기

팥쥐엄마 콤플렉스(부모쪽), 장화홍련 콤플렉스(자녀쪽)

초등학생 딸아이를 둔 남편과 재혼해 살고 있는 주부 김 모(42세) 씨는 딸아이와 남편과 함께 텔레비전이나 비디오를 보다 보면 보기 민망한 경우가 한두 번이 아니다. 화면에 등장하는 새엄마들이 하나같이 '악독한 계모' 로 그려져 있기 때문이다.

「신데렐라」, 「백조왕자」, 「백설공주」에 나오는 새 엄마, 하나같이 음험하고 사악한 마녀의 형상으로 서양 동화에 등장하는 계모들은 우리에게 익숙한 전래동화에 등장하는 새엄마와 다르지 않다.

「장화홍련전」에 나오는 새엄마 허 씨의 용모에 대해 기술한 대목을 보자.

"…좌수는 비록 망처의 유언을 생각하였지만 후사를 안 돌아볼 수도 없어서 이에 혼처를 두루 구하였으나, 원하는 여인이 없으므로 부득이 허씨라는 여인에게 장가를 들었다. 허씨의 용모를 말하자면 두 볼은 한 자가 넘고, 눈은 퉁방울 같고, 코는 질병 같고, 입은 메기 같고, 머리털은 돼지털 같고, 키는 장승만 하고, 소리는 이리 소리 같고, 허리는 두 아름이나 되는 것이 게다가 곰배팔이요, 수종 다리에 쌍언청이를 겸하였고, 그 주둥이를 썰어 내면 열 사발은 되고, 얽기는 콩멍석 같으니 그 형상은 차마 바로 보기 어려운 데다가 그 심지가 더욱 불량하여 남이 못할 노릇만을 골라 가며 행하니, 집에 두기가 단 한 시인들 난감하였다."

진짜 이 정도 외모라면 어느 남자인들 쳐다나 볼까. 계모에 대해서는 외모까지 이렇게 폄하하고 있다. 계모에 대한 사회적 낙인과 과중한 역할 기대는 계부보다 계모의 역할 적응을 더욱 어렵게 만든다. 재혼가정의 새엄마들은 「신데렐라」 각본에 등장하는 부정적인 새엄마가 아닌, 새로운 새엄마 모델의 등장을 목말라한다.

우리나라에서 개봉되었던 미국 영화 「스텝맘(계모)」. 이 영화에서 엄마 노릇에는 서툰 새엄마 줄리아 로버츠는 아이들을 사이에 놓고 친엄마와 사랑 쟁탈전을 벌이다가 친엄마의 죽음 앞에서 서로 화해하는 감동적인 결말을 맞이한다. 이 영화에서 새엄마는 못생기고 마음씨 고약한 '신데렐라식 계모'가 아니라 착하고 예쁘고 능력도 있는 괜찮은 여자이다. 아직 우리 사회에서 많은 새엄마들이 '나쁜 새엄마' 낙인 때문에 심적 고통을 겪고 있지만, 언젠가는 새로운 '한국식 스텝맘'이 정착될 날이 그리 멀지 않으리라 믿는다.

[출처 : 장혜경 · 박경아(2002), 『당당하게 재혼합시다』 조선일보사]

▷ 재혼가족이 늘어나는 사회적 변화에 맞춰 재혼가족의 이야기를 긍정적으로 다룬 작품들을 찾아보거나 새롭게 만들어 보세요.

4) 독신자 가족

달콤한 말 한마디

남: 사랑해! 너와 함께 행복해지고 싶어! 결혼하자 !
　네가 차려주는 아침밥 먹고 싶어! 그래!
　네가 다려주는 셔츠를 입고 싶어.

여 : 그 정도야…

남 : 매일 깨끗한 옷을 입고 싶어.

여 : 그러지 뭐.

남 : 남들은 가정일도 회사일도 잘 한다더라…

어느 날 발견한 문어팔의 당신 명심하십시오.
달콤한 말 한 마디의 수용이 당신의 일생을 좌우합니다.

[출처 : 『결혼이야기』 청아출판사]

결혼의 정의 내리기

▷ 결혼이라는 것은 모든 문화 속에 있나요?

▷ 사람들은 결혼이라는 것을 왜 필요로 할까요?

▷ 당신은 가족을 꾸리기 위하여 결혼이 반드시 필요한 단위라고 생각하나요?
왜 그런가요? 아니면 왜 그렇지 않은가요?

앞으로 가족의 구성은 어떻게 변할까?

600백만 싱글의 힘 – 사회를 바꾸는 '글로벌 트렌드'

싱글의 증가는 한국뿐만 아니라 전 세계에서 공통되는 현상이다. 미국 인구통계청에서 발표한 싱글의 숫자는 약 8,600만명, 노동인구의 42%, 주택구입자의 40%, 유권자의 35%가 싱글이다. 프랑스는 성인 6명 중 1명이 싱글이고, 노르웨이는 두 집 중 한 집꼴이다.

영국의 켄트리대학 리처드 케이스 교수는 "2010년엔 영국의 싱글 가구수가 전체 가구의 절반을 넘을 것"이라고 전망했다.

[출처 : 조선일보, 2005년 6월 16일]

▷ 결혼을 통하지 않고 가족을 어떻게 이룰 수 있을까요?

▷ 결혼이 필수가 아닌 선택이라면 자식과 배우자를 포함한 가족을 꾸리는 것도 선택이 될 수 있을까요?

결혼에 대한 나의 생각과 태도

방법 : 당신의 생각과 태도가 가장 비슷한 각각의 진술에 대해 동그라미 하시오.

1 = 강하게 동의
2 = 다소 동의
3 = 잘 모르겠음
4 = 다소 동의하지 않음
5 = 강하게 동의하지 않음

• 결혼은 반드시 해야 한다.	1 2 3 4 5
• 남자가 나이를 들어도 결혼하지 않으면 무능해 보인다.	1 2 3 4 5
• 노처녀는 어쩐지 좋은 이미지가 아니다.	1 2 3 4 5
• 남자와 여자 사이보다는 동성의 여자(또는 남자) 친구가 더 가까운 가족이 될 수 있다.	1 2 3 4 5
• 자식이 없는 성인은 불쌍해 보인다.	1 2 3 4 5
• 혈연으로 이루어진 가족만이 진정한 가족이다.	1 2 3 4 5
• 결혼으로 시작하지 않는 가족은 가족이 아니다.	1 2 3 4 5
• 비혼모(비혼부)와 그 자녀는 가족이라 말할 수 없다.	1 2 3 4 5

비혼모는 말 그대로 법적 혼인을 하지 않은 상태에서 의도적으로 임신과 출산을 한 여성을 말한다. 법적으로나 문화적으로 결혼을 안 한 여성은 어머니 자격이 없다고 간주했던 우리 사회에서 그것을 '자발적으로 거부'하는 여성이 늘고 있는 것이다.

여성학계에서는 이들을 '미혼모(未婚母)'란 용어 대신 '비혼모(非婚母)'라고 부르고 있다. 비혼모는 피치 못할 사정으로 인해 출산을 하게 된 미혼모들과는 달리 결혼을 거부하거나 선택하고 있어서다.

읽어보기

결혼에 관한 짧은 생각

세상에는 결혼을 하지 않고 혼자 사는 사람도 많다. 그런데 결혼은 필수라는 생각이 당연시되는 일은 웬일일까? 개인적인 차원에서나 전체 인류 차원에서 보더라도 결혼은 하나의 선택이라고 보는 것이 합리적인데, 어찌된 일인지 결혼은 반드시 해야만 하는 것이라는 사고방식이 많은 사람들의 뇌리를 시배하고 있는 것 같다.

"왜 결혼을 하셨어요?" 라고 물으면 이 질문 자체를 의아하게 생각하면서도 "왜 결혼을 안 하셨어요?" 라는 질문에 대해서는 전혀 이상하게 생각하지 않는다. 여기에서 결혼은 당연히 하는 것이라는 사고가 저변에 깔려 있음을 알 수 있다. 의문은 이해하기 힘들거나 이상하다고 생각되는 일에 대해서 생기는 것이므로 보통 당연하다고 생각되는 일에 대해서는 의문을 품지 않기 때문이다. 그런데 당연하다고 여겨지는 그것이 문제인 경우가 많다. 과연 결혼은 당연히 하는 일일까? 그렇지 않다. 결혼은 다만 하나의 문화적인 현상일 뿐이다. 다양한 문화 속에 나타나는 결혼의 풍습을 보면 이 사실을 분명히 알 수 있다. 일부일처제 사회에서 일부일처제를 당연히 여기고 있는 사람은 아내를 여러 명 거느리는 문화를 이상하게 생각한다. 이혼이나 재혼 등 결혼제도와 관련된 여러 가지 행위에 대해서도 다만 그 사회가 가지고 있는 통념에 의해서 당연하다고 생각하거나 이상하다고 생각할 뿐인 것이다.

결혼을 모든 문화에 보편적인 것으로 볼 때와 하나의 문화유형에 불과한 것으로 볼 때의 차이는 크다. 결혼을 절대적으로 보편화된 행위로 생각하면, 거기에는 온갖 신비와 절대적 관념들이 달라붙어 버리고 만다. 이러한 관념들은 인간의 행위를 강력하게 통제하는 힘이 되어 삶을 고정적인 유형으로 고착시켜 버릴 위험성이 있다. 결혼에 대해 신성성이나 절대성을 부여하는 사고가 퍼져 있음으로 해서 수많은 갈등과 대립이 발생하는 현실을 보면 이를 알 수 있다.

결혼을 단지 하나의 문화현상으로 보면 거기에 자유가 생긴다. 굳이 결혼을 해야 할 이유도 없으며, 하지 말아야 할 이유도 없기 때문에 결혼은 자유의지에 의한 선택의 대상이 된다. 싫지만 억지로 산다는 핑계가 설자리를 잃는다. 결혼을 해야 한다는 강박관념이나, 결혼을 못했다는 열등감 같은 것이 생길 이유가 없다. 결혼제도로부터 자유로울 수 있다면, 수많은 사람들이 자신의 생명 에너지를 보다 생산적인 방향으로 쓸 수 있을 것이다.

많은 사람들이 인생의 여정 속에서 스스로 선택해서 스스로 책임지는 느낌을 거의 갖지 못 하고 산다. 공부도 해야 하기 때문에 억지로 하고, 결혼은 당연히 하는 것이므로 의지와 상관없이 하고, 이혼은 해서는 안 되므로 살기 싫지만 억지로라도 살고, 심지어는 자신의 인생조차도 남들이 다 그렇게 사니까 또는 당연히 그래야 하니까 산다. 이렇듯 내키지 않는 삶을 어떤 강요에 의해서 사는 가운데 인생은 무의미하게 흘러가 버린다.

이제는 결혼하는 이유를 확실히 해야 할 때가 아닐까? 남들이 다 하는 것이니까 라는 안이하고 구차한 변명은 그만 두자. 나는 이러이러한 이유로 결혼해서 살고 싶었다 라고 분명히 말할 수 있도록 하자. 이것이 자기 인생을 스스로 책임지며 살 줄 아는 성숙된 자유인에게 어울리는 모습이다.

가족에 대한 생각 넓히기

가족의 대표 그때그때 달라요

생각열기

우리 집 문패

이미지출처 : http://www.mirmun.com, http://woongsan.com, http://ssmart21.com/shop, http://www.happybirthday.co.kr/gift

학기 초 학교는 정신이 없다. 특히 담임교사는 눈코 뜰 새가 없다. 자리배정, 학급임원선출, 학부모총회, 가정방문, 가정실태조사 파악 등 일 년 동안 동고동락할 반 아이들을 주도면밀하게 분석해야 한다. 이 아이들과 어떤 내용으로 살림을 꾸려갈 것인지 한편으로는 기대도 되고 한편으로는 걱정이 앞선다.

그 중에서도 학기 초 담임을 가장 긴장시키는 건 싸움이다. 새로 만난 녀석들끼리 영역싸움이나 이해부족으로 싸움질이 생긴다. 그런데 "넌 아빠도 없는 주제에…", "넌, 그럼 아빠가 둘이어서 큰소리냐"는 가정사의 아픔이 싸움의 주제가 된다. 소위 정상가족이 아닌 가족은 아이들에게 약점을 잡히는 구실이 되는 것이다. 부모자녀가 함께 있는 모습만이 정상의 가족으로 여겨지는 사회적 통념에 그렇지 못한 가족을 가진 아이들은 상처를 입는다. 최근 들어 한부모가정이 급증하면서 아이들의 자존심은 예민해질 대로 예민해져 있다.

지난 2005년 3월 2일 국회는 본회의를 열어 호주제폐지를 위한 민법 개정안을 통과시켰다. 이어서 오는 2008년 1월 1일부터는 호주제가 완전 폐지된다. 아버지가 안 계신 자녀가 평생 가장이 없다는 이유로 내내 마음 졸이며 부담해야 할 고민을 여성단체가 덜어준 셈이다.

가정의 개념이, 가족의 개념이 변했다. 가정실태조사서에 나타난 가정이 그렇다. 이미 아빠가 없이 엄마가 가장인 가정의 숫자가 늘고 아이들마저도 가장이 되고 있는 추세이기 때문이다.

우리는 가족공동체 생활을 하면서 때로 가족을 대표하여 누군가 나서야 하는 경우를 경험하게 된다. 모든 경우가 항상 같을 수 없듯이 우리는 상황에 따라 가족의 대표를 바꾸거나 대신할 수 있다. 이것은 우리가 학급대표를 우리 스스로 뽑는 것과 같은 의미이다.

가족의 대표에 대한 나의 고정관념 알아보기

방법 : 당신의 생각과 태도가 가장 비슷한 각각의 진술에 대해 동그라미 하시오.

1 = 강하게 동의
2 = 다소 동의
3 = 잘 모르겠음
4 = 다소 동의하지 않음
5 = 강하게 동의하지 않음

• 가족의 대표는 당연히 남성이어야 한다.	1 2 3 4 5
• 가족의 대표는 가족의 의사결정에 결정적인 역할을 한다.	1 2 3 4 5
• 가족의 대표는 항상 경제적인 능력을 가지고 가족을 먹여 살려야 한다.	1 2 3 4 5
• 가족의 대표는 동거하지 않더라도 불변하다.	1 2 3 4 5
• 가족의 대표는 가족 내에서 결정하기보다 국가에서 정하는 것이 좋다.	1 2 3 4 5
• 가족의 대표는 어떠한 경우에도 필요하다.	1 2 3 4 5
• 가족의 대표라면 어느 집이나 똑같은 권리와 의무가 주어져야 한다.	1 2 3 4 5

해보기

다음의 사례를 읽고 가족의 대표는 누가 되어야 할까 생각하여 보자.

고등학교 2학년인 민경이 가족은 7살짜리 남동생과 할머니, 어머니, 아버지 이렇게 다섯명이다. 그런데 현재 집에서 동거하고 있는 사람은 할머니와 동생 그리고 본인뿐이다. 왜냐하면 아버지는 얼마 전 직장에서 사고를 당해 서울 병원에서 입원치료중인 지 벌써 1년이 다 되어가고 어머니는 아버지를 대신하여 도시에 나가 식당일을 하시기 때문이다. 할머니는 동생과 나를 대신하여 집안일을 겨우 맡아 해주시지만 관절염으로 보행이 불편하신 데다 글을 읽으실 줄 몰라 답답할 때가 많다.

▷ 면사무소에서 가족의 대표에게 설문을 실시한다면 누가 가족의 대표역할을 하여야 할까요?

▷ 지방자치단체에서 민경이 집에 주민세를 납부하도록 하려는데 누구를 가족의 대표로 하여 고지서를 발부하여야 할까요?

해보기

우리 집 문패 알아보기, 우리 집 문패 만들어 보기

▷ 우리 집 문패는 누구 이름으로 되어 있나요?

▷ 우리 집 문패를 새롭게 만들어 볼까요?

해보기 다음의 글을 읽고 각 시대에 따라 여성의 지위가 어떻게 변화했는지 알아보자.

고구려 여성들의 지위

고구려는 여성의 목소리가 어느 시대보다 컸다. 여성은 가정이나 사회에서 존중받았고 자기 몫의 재산이 있어서 경제적인 힘도 있었다.

제1대 추모왕의 둘째부인 소서노의 경우, 두 아들을 둔 돈 많은 과부로서 추모왕을 도와 고구려를 세웠고, 후에 아들들과 함께 남으로 내려와 백제를 건국하는 데도 도움을 주었다. 여기에는 그녀의 재산이 한몫을 했다. 또, 재산을 충분히 가졌으면서도 조리 있게 쓴 사람으로는 평강공주가 있다. 평강은 궁에서 나올 때 가지고 온 보물 팔찌 수십 개로 밭, 주택, 노비, 마소 등을 구입했다. 그리고 온달에게 말을 사러 보낼 때도 시장이 아닌 국가에서 내다파는 말을 사라고 한 것으로 미루어 보면 이미 상거래에 대한 지식도 충분했던 것을 알 수 있다.

이처럼 여성이 재물에 대해 상속권과 재산권, 처분권을 갖고 있었기 때문에 여성들의 지위는 조선시대에 비해 상대적으로 높을 수밖에 없었다. 물론 고구려가 모계사회였던 것은 아니다. 축첩제도 허용되었고, 외출할 때 여성보다는 남성이 앞서가는 것을 보면 확실히 남성이 더 우대받는 사회였다.

[출처 : http://www.koreaeye.co.kr]

고려시대 여성들의 지위

고려시대 여자들은 호주가 될 수 있었다. 따라서 여자도 분가할 수 있고, 호족이나 족보에 기록할 때도 아들과 딸을 구분하지 않고 태어난 순서대로 적었다.

가령 고려시대 호적에는 남편이 죽고 장성한 아들이 있더라도 어머니가 호주가 되는 경우가 왕왕 있었다. 또 고려시대에는 아들이 없어도 딸이나 외손자가 제사를 지낼 수 있었다. 적장자에게 제사를 계승하지 않았고, 주로 절에서 제사를 지내고 형제 · 자매들이 돌아가면서 돈을 내어 불사를 주관했다. 이처럼 부계와 모계를 거의 같은 비중으로 중요시한다는 차원에서 전문가들은 고려시대를 '양측적 친족사회'라고도 부른다.

고려시대에는 결혼식을 처가에서 한 뒤에, 결혼 후에도 일정기간 사위가 처가살이를 했던 것으로 전해진다. '겉보리가 서 말만 있어도 처가살이는 하지 않는다' '출가외인' 등은 모두 성리학이 보급된 조선시대에 나온 말이다. 고려시대 결혼제도를 '솔서제'라고 하는데, 이는 부모로부터 받는 상속과 밀접한 관계가 있다.

[출처 : 한국여성연구소 여성사연구실(1999). 『우리 여성의 역사』 청년사]

조선시대 여성들의 지위

조선시대에 이르러서는 여자의 지위가 하락하여 남자에게 예속적인 상태로 되었다. 그리하여 남녀와 처첩을 구별하게 되었고 여자의 예속적인 지위를 찬양하는 열녀의 미덕만이 강조되었던 것이다. 또한 호적이나 족보 등에 여성의 이름은 기재하지 않는 것이 상례였으며, 여자의 사회적 활동은 철저하게 제한되었고 여성의 법률적 행위는 반드시 남편이나 가장의 허가를 받아야 했다.

예속적인 지위는 조선 후기에 이르러서는 더욱 심해져 남존여비(男尊女卑) · 부창부수(夫唱婦隨) 등의 사상이 확고부동한 규범으로 뿌리를 내렸다. 이러한 이데올로기는 서당이나 가정에서 더욱 강조되어 삼종지도(三從之道)나 열녀부갱이부(烈女不更二夫)의 의(義)가 일반 민중에게까지 받아들여지게 되었다.

따라서 조선시대 사회에서 부인은 남편의 동등한 동반자가 아니라 가(家)의 영속을 위한 수단이며 도구로서 존재하였고, 가내 노동력을 공급한다는 의미가 컸다. 또한 조선시대의 여성은 출생 때부터 남자와 차별적으로 양육되어 출가 후에도 시가와 남편에게 종속되어 주부로서의 권리, 아내로서의 권리나 역할을 제대로 행하지 못하였다. 즉 여성의 가족 내 역할이란 며느리로서 시작하여 시어머니로서 끝나게 된다.

[출처 : 이배용 외(1999). 『우리나라여성들은 어떻게 살았을까』 청년사]

▷ 고구려시대, 고려시대, 조선시대 각 가정에서의 여성의 지위는 어떻게 변화하였는가요? 그리고 현재는 가정에서 여성의 지위가 어떠한가요?

▷ 가족의 대표가 당연히 남자여야 한다는 생각은 언제부터였을까요?

▷ 호주제도는 우리의 전통적인 제도였을까요? 아니면 언제부터 어떻게 시행되었을까요?

외국의 경우 가족의 대표는 누구?

영국, 미국을 비롯한 대부분의 서구 유럽은 개인별로 호적을 갖는 1인 1적제를 채택하고 있다. 그래서 출생, 혼인, 출산, 사망 등의 개인 기록은 사건이 일어난 지역에서 그 기록을 작성하기 때문에 우리처럼 사람의 출생, 혼인, 사망을 한 용지에서 찾아보기 어렵고 친족관계도 나타나지 않는다.

스위스의 경우는 예외적으로 민법에 부부는 부부공동체 및 자녀의 복지를 위해 상호 협력해야 한다는 의무규정을 둠으로써 부부공동가장제의 원리를 채택하여 시행하고 있다. 자녀의 성씨에 있어서도 부 또는 모의 성, 다른 성(姓)을 칭할 수 있도록 했다.

예외적으로 독일은 부모 양친의 성을 공통으로 쓸 수 있고, 스웨덴의 경우 부모 협의 하에 자녀의 성을 정할 수 있으나 3개월 이내에 협의되지 않으면 어머니의 성으로 신고가 된다.

호주제 폐지에 따른 새로운 신분등록부 마련될 예정

호주제 폐지를 골자로 한 민법 개정안이 2005년 3월 2일 국회 본회의에서 통과되었다. 따라서 2008년부터는 호주의 개념이 없어지고 호주를 중심으로 가족관계를 기록하던 부계 중심의 가족개념도 부계와 모계를 포괄하는 평등한 개념으로 바뀐다. 따라서 그 동안 호주 중심으로 편제되었던 호적은 폐기되고, 새로운 신분등록법에 의해 마련된 신분등록부가 호적 등 · 초본을 대체한다.

새로운 신분등록부에는 호주를 기록하는 난이 없어지고 호주 대신에 본인을 기준으로 하여 출생, 입양, 혼인, 이혼, 사망 등 출생부터 사망할 때까지의 변동사항이 모두 기록된다. 또, 배우자, 부모, 배우자의 부모, 자녀, 형제자매 등의 인적사항이 기록된다(다만, 민법개정안 시행시기가 2008년 1월 1일이 되므로 새로운 신분등록법 실시도 그와 같다).

결혼하더라도 아내가 남편의 호적에 입적하는 대신에 자신의 신분등록부에 배우자의 인적사항을 기재할 뿐이며, 자녀 역시 아버지의 호적에 들어가는 대신에 자신의 신분등록부에 부모의 인적사항을 기재하게 된다.

새로운 신분등록부 원부에는 본인을 중심으로 하여 배우자, 부모, 배우자의 부모, 자녀, 형제자매의 인적사항이 기재된다. 따라서 신분등록부로 얼마든지 가족관계를 확인할 수 있다. 사촌 이상의 관계는 현행 호적에서도 제적부 확인을 거쳐야 하는 사항이었으며, 전산화된 새 신분등록부에서 단계별 검색을 거치면 가능하다.

또한 자녀가 반드시 친아버지의 성을 따르게 하는 부성 강제규정을 완화했다. 원칙적으로는 아버지의 성을 따르도록 했으나 부부가 혼인신고 시 합의하면 어머니의 성을 따를 수 있다. 개정민법이 시행되면 재혼부부는 법원의 허가를 받아 자녀에게 새아버지의 성을 따르게 할 수 있다. 그러나 무조건 성을 바꿀 수 있는 것은 아니고 자녀의 복리를 위하여 성과 본을 변경할 필요가 있을 때 아버지, 어머니 또는 자녀의 청구에 의하여 가정법원의 판단에 의해 허가를 받아야 한다. 미혼모의 경우에도 아버지가 나타나도 법원의 허가를 받아 어머니의 성을 계속 쓸 수 있도록 했다.

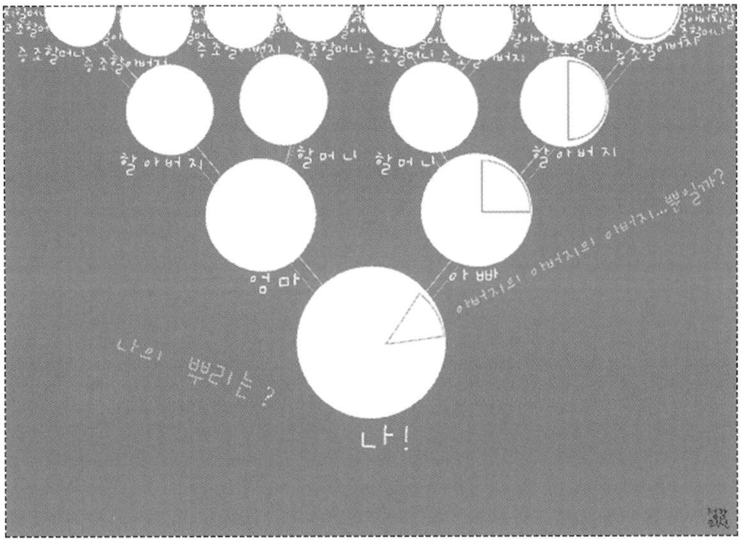

[출처 : 호주제 폐지를 위한 시민의 모임. http://antihoju.jinbo.net]

양성(부모성) 함께 쓰기

조한혜정 교수님은 양성을 쓰고 계십니다. '조' 는 아버지 성이고, '한' 은 어머니 성인 것이죠.. 교수님의 아들 역시 양성을 쓰고 있습니다. '전' 이 부계 쪽 성이고, '한' 이 모계쪽 성인 것이죠

부모성 함께쓰기 운동의 목적은 어머니의 존재를 다시 생각하는 데 있다고 생각합니다. 남성위주 사회인 우리 나라에서 '어머니' 라는 말은 '아버지' 라는 말에 비해서 가볍게 취급되는 건 사실이라고 생각해요. 사실 그렇잖아도 호주제인지 뭔지 하는 것에서도 어머니건 자식이건 모두 '가장' (이 말 무진장 싫어하지만)의 호적에 들어가 있죠. 게다가 집안에서의 아버지란, '가장' 으로서 집안의 중대사를 결정하는 역할을 한다는 인식이 퍼져 있잖아요.

양성쓰기는 이러한 분위기에서 위축되어 있는 '어머니' 들을 아버지와 동등한 인격체로 받아들이자는 의미의 운동이라고 생각해요. 아버지가 제게 소중한 만큼 어머니도 제게 소중한 존재라서 저도 양성을 써야겠다는 생각을 다시 하게 되었어요.

[출처 : 여성신문]

가족에 대한 생각 넓히기

부모는 자식의 영원한 봉?

생각열기

부모는 배가 아니라 등대여야 한다

자식의 저금통 채워주는 부모라면…
자녀들은 저축의 의미를 깨닫지 못하게 되며
스스로의 노력 없이 부모의 노력으로 모든 것을 얻을 수 있게 되면…
우리 자녀들은 작은 어려움에도 견디기 힘들어하는 나약한 사람이 되지 않을까요?

ⓒ 이다솜(아양중학교)

우리 사회의 가족이기주의 현상은 급속한 경제성장을 겪으면서 확산된 서구의 개인주의 사상이 전통적 가족주의 사상에 결합되면서 나타난 것이다. 이러한 세태 속에서 가족의 번영을 우선시하는 대부분의 부모들은 자녀들에게 공동체 의식을 가진 민주시민이기보다는 경쟁논리에서의 승리자가 되기를 기대하고, 부모 스스로 자녀의 손발이 되기를 자처하는 경우가 일반적인 현상으로 나타나게 되었다.

부모라면 누구나 자식을 행복하게 만들어 주고 그들의 삶에 도움을 줄 수 있기를 바랄 것이다. 그러나 오늘날의 부모들은 자식에 대하여 지나치게 노심초사하거나 자식의 일이라면 물불을 가리지 않는 경향을 보이기도 한다. 특히 요즈음에는 한두 명의 자녀만을 두고 있어 상대적으로 자녀에 대한 관심이 크며 매사 과잉보호하는 경우가 많다.

초등학교나 심지어 중、고등학생이 되고 나서도 자신의 책가방이나 준비물조차도 제대로 챙기지 못하는 아이들, 자질구레하게 느껴지는 집안일은 전혀 책임지지 않으려는 아이들, 작은 불편도 참지 못하고 짜증을 내고 이내 포기해 버리는 아이들을 주변에서 흔히 찾아볼 수 있게 되었다.

자녀의 요구가 떨어지기 무섭게 그것에 대한 상황 및 가치관 등을 전혀 고려치 않고 무조건 들어주는 것은 과연 우리 자녀들을 행복하게 이끌어 주는 것일까?

아이에게 모든 것을 해준다는 것은 곧 아이로 하여금 아무것도 노력할 필요 없다는 것을 가르치는 것이 되며, 그것은 어떤 목표나 꿈을 이루기 위해서 부단한 노력과 정성을 쏟았기 때문에 그 목표와 꿈의 실현이 더욱 가치 있는 것이 된다는 사실을 간과하게 만든다.

즉 부모 입장에서는 아이가 바라는 대로 다 해주었다는 데서 오는 만족감을 느낄 수 있겠지만, 그 결과 무책임하고 제멋대로인 아이를 만들게 되는 것이다. 그런 아이는 부모의 간절한 바람과는 달리 미성숙하고 자기중심적이며 혼자 힘으로 무엇을 해야 한다는 것에 두려움을 갖게 되어, 결국 자신의 문제를 스스로 해결하는 능력이 없어지고 부모에게 의존하는 데 익숙해지게 된다. 게다가 그렇게 부모에 의존하는 데 익숙해진 아이들은 부모가 자신을 존중해주는것에 대해 고마움을 느끼기보다 그런 대우를 당연시하게 되며, 다른 사람이 자신의 요구를 받아주기 위해서 감수해야 하는 희생에는 관심을 두지 않는 경우가 많다. 그리고 사회에서 겪게 되는 일조차 자기 뜻에 맞지 않으면 부모에게 의존하게 되고 부모의 힘으로도 안 되는 경우엔 그것을 부모의 무능과 연결지어 부모를 원망하는 경우가 많다.

이렇게 자녀들은 성장하면 자신들이 원하는 삶을 살기 위하여 부모를 도구화하는 경우가 빈번히 나타나는데, 부모로부터 간섭받지 않고 자유롭고 독립적인 삶을 영위하길 원하면서도 그러한 삶을 보장받기 위해서 부모로부터 경제적 지원을 받는 것을 기대할 뿐만 아니라 당연시한다.

자녀의 생각이나 행동이 잘못되었을 때, 잘못을 알도록 해주거나 행동을 고치도록 해야 함에도 불구하고 나중에 철이 들면 괜찮겠지 하며 그냥 지나가다 보면 습관이 되어 버릇이 나빠지고 모든 것에 대한 나쁜 결과는 결국 부모의 탓으로 돌아오게 된다. 따라서 중요한 것은 부모로서의 행동이 아이에게 미치는 결과를 바로 알고 어떻게 행동해야 하는지 결정하는 것이다.

부모 자녀에게 모두 좋은 관계를 갖기 위한 다음의 제안을 읽고 생각해 보기

▷ 참된 관계를 갖기 위해서는 정직하고 진실되어야 한다.

▷ 자신이 어디에 있는지, 언제 집에 올 것인지 항상 알려준다.

▷ 자신이 하겠다고 약속한 것은 꼭 실천한다.

▷ 부탁받은 집안일은 성실히 실천한다.

다음은 부모자식에 대한 우리의 옛 속담이다.
우리 조상들은 무엇을 가르치기 위해 이러한 속담을 만들었는지 이야기해 보기

- 부모는 먹지 않고 자식을 주고 자식은 먹고 남아야 부모를 준다.
- 흉년에 자식은 배 터져 죽고, 부모는 배곯아 죽는다.
- 귀엽게만 기른 자식이 어미 꾸짖는다.

해보기

다음 기사에 대해 나도 한마디!

● 캥거루족

'캥거루족'이란 요즘에 유행하는 새로운 단어이다. 우리나라 대학생들이 기성세대 못지않게 돈을 쓰면서 경제적으로 부모에게 의존해서 살아가고 있다 하여 그렇게 말한다고 한다. 대학을 졸업하고 취업하여 독립해야 하나, 일할 곳도 마땅치 않고 일하자니 힘들고 하여 독립하려고 하지도 않고, 사회생활도 하지 않으면서 부모님께 용돈을 타서 생활하는 것이다.

● 피터 팬

누구나 동심으로 돌아가고 싶을 때 떠올리는 것이 피터 팬이다. 그러나 피터팬이 일상인 성인들이 있다. 최근 들어 이런 피터 팬들이 점차 많아지고 있는 원인은 경제성장과 저출산, 고학력화 현상에 있다고 한다. 약 40년 전만 해도 대부분의 아이들은 학교에 들어가면서 자신의 일을 스스로 알아서 할 때쯤이면 부모님을 도와 농사일하는 법을 익힘으로써 자연스럽게 생산활동에 참여했고 그럼으로써 경제적 자립을 시작했다. 즉 과거에는 독립된 성인이 되기 위한 경제적 자립을 일찍부터 시작했던 반면, 사회변화에 따른 고학력화는 자녀들의 독립 시기를 자연스레 늦추게 되었고, 가족내에서 사회활동에 참여하는 사람들이 늘어남에 따라 출산율이 낮아지게 되고, 또 경제력이 있는 부모들이 많아짐으로 인해 자녀가 장기간 부모에 의존하며 살 수 있는 여건을 마련해주고 있는 것이다.

▷ 이러한 사람들이 점점 더 많아지는 것은 우리에게 어떤 영향을 끼칠까요?

– 가족에 미치는 영향 :

– 사회에 미치는 영향 :

해보기 다음 자료를 읽고 부모님의 마음을 헤아리는 자세 가지기

고달픈 부모

평범한 직장인 K씨(47)는 요즘 하루가 고달프다. 직장에서 받는 스트레스도 만만찮은데, 올해 고 2, 중 3에 올라가는 자식들에 대한 뒷바라지가 항상 마음을 짓누르고 있기 때문이다. 그가 한 달에 아이들 사교육비로 쓰고 있는 돈은 200만원이다. 4,000만원 수준인 그의 연봉 중에서 아이들 사교육비가 차지하는 비율은 50%가 넘는다.

그것으로 끝나는 것이 아니다. 학교와 관련되어 지출되는 비용, 용돈, 아이들을 위해 쓰는 생활비 등을 합치면 그의 연봉 중 5분의 4가 아이들에게 들어가는 셈이다. 그러고도 집안을 지탱해 나가고 있는 것이 스스로 생각해도 신기할 정도다. 그는 요즘 "그래, 아이들 대학 갈 때까지 몇 년만 더 버티자"면서 허리띠를 조르고 또 조른다.

그러나 그의 말대로 아이들이 대학에 들어가면 모든 것이 끝나는 것일까?

아이들의 대학교육비와 심지어 대학을 졸업하고 직장 다닐 때까지의 뒷바라지는 모두 부모의 몫인 것이 우리나라의 보편화된 현실이다.

그것으로도 끝나지 않는다. 아이들의 결혼 준비나 분가 후 전셋집이라도 마련해주는 것도 거의 '부모의 의무'가 되고 있다. 한술 더 떠 아이들 결혼 후에는 손주나 외손주를 봐주는 것도 부모의 '몫'이 되고 있다. 게다가 부모가 죽을 땐 재산까지 남겨 줄 정도가 되어야 자식으로부터 그나마 대접을 받는다. "냉장고의 애프터서비스는 불과 몇 년으로 끝나지만 자식에게는 평생 애프터서비스를 해야 한다."는 말이 결코 농담으로 끝나지 않고 있다.

부모가 자식에게 해야 할 일은 '세상살이를 헤쳐 나갈 수 있는 방법을 터득하게 하는 것'이다. 그러나 현재 우리 부모들이 하는 행태는 이런 수준을 뛰어넘는다.

우리의 부모들은 왜 자식들에게 모든 것을 털어 넣는 것인가?

요즘 아이들은 「부모는 당연히 그렇게 해주는 존재」라는 생각으로 부모의 삶에 더욱 무심한 경향이 커지고 있다. 주변의 대부분 또래들이 그들의 부모로부터 비슷한 혜택을 받다 보니 자신이 특별대우를 받는다는 생각도 없다. 오히려 주변보다 차이가 날 경우 크게 실망하거나 분노, 좌절 등을 겪는다. 따라서 주변과 비슷하게 해주지 못하는 부모는 늘 자식 앞에 죄인이 된다.

자식은 그들의 부모가 그들에게는 언제나 슈퍼맨이나 슈퍼우먼이기를 바라는 것은 아닌지.

[출처 : 월간조선. 2002년 2월. 『한국사회의 심층심리』]

▷ 위의 사례는 우리 주변에서 흔히 찾아볼 수 있는 것인지 함께 이야기해 봅시다.

▷ 위의 사례가 우리 사회에 일반화된다면 우리 사회는 행복해질 수 있을까요? 그렇게 생각하는 이유는 무엇인가요?

읽어보기

대책 없이 주는 부모, 심각한 자녀중심 문화

어머니들이 아이들을 위하여 부족한 교육비를 마련하느라 직업전선에 나서는 이야기는 이미 흔해졌다. 자녀교육에 좋다면 몇 시간 거리의 등하교를 마다 않고 전학시키고, 심지어 교육이민을 떠나기도 한다.

교육인적자원부에 따르면 초 · 중 · 고의 유학출국은 2000년 4,397건, 2001년 7,944건에 이어 2003학년도엔 1만 498건으로 늘었다. 유학 · 연수비 명목으로 해외에 송금된 돈이 지난해에만 2조 8천4백 억원.

뿐만 아니다. 경제가 어렵다지만 어린이를 대상으로 하는 키즈 산업은 불황을 모른다. 아동복, 완구, 어린이 교육, 전문쇼핑몰 등 국내 관련 산업 시장규모는 2003년 10조원, 2004년 12조원에서 올해는 15조원으로 추산되는 등 급성장을 하고 있다.

대기업 임원으로 일하다 몇 달 전 퇴직한 최모(51) 씨. 요즘 주변에 "내가 헛살았다."는 말을 자주 하고 다닌다. 아들에게 어렸을 때부터 최상의 조건에서 최고의 교육을 시켰고, 대학 입학 후엔 차를 사주고 수차례 해외여행 비용을 대주었다. 결혼시킨 후엔 며느리에게 밍크코트까지 사주며 정성을 쏟았건만 최근 아들은 최씨에게 등을 돌렸다. 퇴직 후 "노후준비를 해야겠으니 앞으론 너희가 알아서 살라."고 했더니 발길을 뚝 끊은 아들에게 최씨는 배신감을 감추지 못한다.

이모씨 부부(51)도 마찬가지. 족집게 과외를 시켰지만 아들은 삼수 끝에 중위권 대학에 입학했다. 그러나 문제는 그때부터. 뭐든 부모 뜻대로 움직였던 아들은 대학생활에서의 자유를 주체하지 못해 연속 학사경고를 받아 퇴학당했고, 앞으로 뭘 하겠다는 의지도 없이 무력하게 살고 있다. 그런 아들이 오히려 자신들에게 "왜 나를 이렇게 키웠느냐"며 원망하고 있으니 기가 막힐 따름이다.

한국가정경영연구소 강학중 소장은 "자식문제에 전력을 쏟는 부부관계는 자식이 잘못될 경우 급격히 위험해진다."며 "요즘은 특히 저출산의 영향으로 자녀에게 자신들의 인생을 거는 경향이 많아졌는데 이는 자녀에게도 부모에게도 바람직하지 않다."고 지적했다.

[출처 : 경향신문, 2005년 5월 4일]

가족에 대한 생각 넓히기

내 모습 그대로 인정해 주세요!

생각열기

손을 놔 주세요. 저 혼자 서 볼게요.

어른들은 몰라요

【박건호 작사, 김명곤 작곡】

우리가 무엇을 좋아하는지 어른들은 몰라요
우리가 무엇을 갖고 싶어 하는지 어른들은 몰라요
장난감만 사주면 그만인가요.
예쁜 옷만 입혀주면 그만인가요
어른들은 몰라요 아무것도 몰라요
마음이 아파서 그러는 건데
어른들은 몰라요 아무것도 몰라요
알약이랑 물약이 소용이 있나요
언제나 혼자이고 외로운 우리들은
따뜻하게 감싸 주세요 사랑해 주세요

흔히 어른들은 자녀가 부모의 뜻을 잘 따라주고 부모의 가치관에 크게 벗어나지 않기를 바라며 이러한 자녀가 있는 집을 부러워한다. 또한 자신의 뜻대로 자라주지 않는 자녀를 둔 부모는 세상에서 가장 큰 불행을 안고 사는 듯 괴로워하기도 한다.

부모들은 매사를 자신의 의사대로 결정하며 '아이한테 최소한의 요구를 하는 데 그것도 못한다' 며 볼멘소리를 하고 잔소리를 해댄다. 이러한 부모의 일방적인 소통방식은 자녀를 소극적으로 만들 뿐 아니라 부모-자녀간의 애정도 잃게 되는 경우가 많다. 정작 이런 부모일수록 자신의 태도에 문제가 있음을 인정하고 적극적으로 수용하기보다는 오히려 자녀를 한심스럽게 생각하는 경향을 나타낸다.

부모는 자녀와의 관계에서 자신의 가치관을 일방적으로 불어넣으며 자녀의 수용 여부에 따라 가족 전체 행복의 정도를 판단하려는 생각에서 벗어나야 한다. 많은 부모들은 자신의 방식으로 전 인생을 걸어 자녀를 사랑하다가 좌절감을 느끼기도 하고, 자녀를 무척 사랑한다는 착각 속에서 가족 불행의 모든 원인을 자녀에게서 찾으려 한다. 결국 양쪽 모두를 불행하게 만들며 지긋지긋한 가족생활을 하게 된다. 이제는 부모가 생각하는 사랑의 방식이 아니라 자녀가 원하고 받아들일 수 있는 애정 표현이 무엇인가를 진지하게 고민해야 한다.

자녀를 자신의 삶을 가진 하나의 인격체로 바라보고, 있는 그대로를 인정하는 자녀관의 변화가 필요하다. 일관된 원칙을 가지고, 있는 그대로를 인정하는 마음으로 자녀를 깊이 이해하고 공감하며 진지하게 대화할 수 있을 때, 비로소 부모 자녀, 가족 모두가 행복할 수 있을 것이다.

엄마는 의사가 되기를 원하는데…

제 딸아이는 고등학교 1학년입니다. 제 아이는 음악을 좋아해서 잠시 쉬는 시간이면 이어폰을 꽂고 음악을 듣곤 하는데, 그것이 지나쳐 1시간 이상을 넘기는 모습을 보면 숨이 막힐 것 같습니다. 학년 전체에서 5등 안에 드는데 음악을 듣는 시간까지 공부하면 틀림없이 1등을 할 수 있을 거란 생각이 듭니다. 수학을 좋아하고 수학경시대회에서도 큰 상을 여러 번 받았습니다. 저는 아이가 의사가 되기를 원하는데, 제 아이는 음악가가 되겠다고 합니다. 아직은 어려서 잘 모르겠지만 음악은 취미로 하는 게 좋겠고, 안정된 생활을 위해서는 의사가 되는 게 좋겠고, 나중에는 틀림없이 엄마에게 고마워할 것이라고 말해 주곤 합니다.

그런데, 최근 들어 집에 늦게 오는 날이 잦아 친구에게 물어보았더니 집에 들어가면 갑갑해서 숨이 막힐 것 같다고 얘기했다고 합니다. 아이들이 많고 제가 직장생활을 하기 때문에 충분히 아이들을 돌볼 시간이 많진 않지만, 맏이인 그 아이에게는 특별히 신경을 많이 써 주고 많은 걸 희생했다고 생각했는데, 아이가 그렇게 생각한다는 게 이해할 수가 없습니다. 부족함을 느끼지 않도록 최선을 다해 주었는데 뭐가 모자라 그러는 건지 알 수가 없습니다.

(가정교사 ○○○의 이야기)

▷ 딸의 입장이라면 마음이 어떨까요?

▷ 엄마로서 어떤 마음이 드나요?

▷ 딸과 엄마가 모두 행복하려면 어떻게 해야 할까요?

해보기

내 마음도 모르고 부모님은 야단만…

저는 중학교 3학년입니다. 여러 가지 일로 머리가 복잡한데 집에서나 학교에서나 너무 힘이 듭니다. 학교의 선생님들도 사소한 것으로 꼬투리를 잡아 괴롭힙니다. 머리가 조금 길다고 가위로 끊어버리거나 우리 반 전체 성적이 나쁘다고 남겨서 청소를 시키기도 하고, 숙제를 덜 해 왔다고 학교에 남겨 저의 소중한 오후 시간을 빼앗아 버립니다. 너무 힘들어 수업 중에 엎드려 있으면 태도가 나쁘다고 혼이 납니다. 학교의 아이들은 약한 아이를 함부로 때리고 물건을 뺏으며 그 아이 편을 들어준다고 저까지 왕따를 시킵니다. 저를 인정해 주는 친구는 아무도 없습니다. 열심히 하는 만큼 성적도 잘 나오지 않습니다. 내 딴에는 열심히 했다고 생각하는데 시험지만 받으면 멍한 생각이 들고, 나중에 채점해 보면 뻔히 아는 것을 틀린 게 많아 무지 속상합니다. 이래저래 학교생활이 짜증납니다.

그런 저의 마음도 모르고 부모님은 야단만 칩니다. 저의 노력은 조금도 인정해 주지 않고 '다른 아이들 모두 멀쩡히 다니는 학교를 너만 왜 힘들어 하냐', '그 정도 스트레스도 못 이겨내면 사회생활 어떻게 할 거냐' 라고 하시며 장래에 대해 준비도 하지 않고 아무 생각없이 살아가는 아이라 몰아칩니다. 저는 힘겨워 죽을 지경인데 말입니다. 죽고 싶어도 용기가 없어 죽지도 못합니다.

(○○중학교 3학년 ○○○)

▷ 당신이 만약 이 아이의 부모라면, 이 글을 읽고 어떤 마음이 들까요?

▷ 아이에게 이런 얘기를 들은 상담자라면 부모와 자녀에게 어떤 조언을 해줄 수 있을까요?

해보기

내 아이는 어떤 생각으로 살아갈까?

〈자녀용〉

1. 자신이 가장 자랑스러울 때는 언제인가?
2. 내가 잘 할 수 있는 일은 무엇인가?
3. 현재 나를 힘들게 하는 일은 무엇인가?
4. 힘든 일은 어떻게 해결하는가?
5. 마음을 나눌 수 있는 진정한 친구는 누구인가?
6. 삶에서 중요하게 생각하는 점은 무엇인가?
7. 가장 하기 싫은 일은 무엇인가?
8. 부모의 잔소리 중 새겨들어야 한다고 생각하는 점은?
9. 스스로 장점이라 생각되는 점은?
10. 자신의 행동 중 고쳐야 할 점이라고 생각되는 점은?

〈부모용〉

1. 아이가 자신이 가장 자랑스러워 할 때는 언제일까?
2. 아이가 잘 할 수 있는 일은 무엇인가?
3. 현재 아이가 힘들어하는 일은 무엇일까?
4. 아이가 심리적으로 힘든 일이 있을 때 어떻게 행동하는가?
5. 아이의 진정한 친구를 알고 있는가?
6. 아이가 삶에서 중요하게 생각하는 것이 무엇일까?
7. 아이가 가장 하기 싫어하는 일은 무엇일까?
8. 아이에게 주로 하는 잔소리는?
9. 아이의 장점이라 생각되는 점은?
10. 아이가 고쳐야 한다고 생각되는 점은?

▷ 아이와 부모의 생각에서 차이가 나는 항목은 무엇이며 차이가 나는 이유는 무엇일까요?

▷ 부모가 아이에 대해 미처 몰랐던 점은 무엇인가요?

▷ 아이의 생각을 그대로 인정하기 위해 어떤 노력을 해야 할까요?

해보기

내 꿈의 출사표

고수부지 (낮)

하림 : 너 꿈이 뭐냐?

상필 : 나? 공무원

하림 : 쪼잔한 놈. 그것도 꿈이냐?

상필 : 쪼잔하긴. 짤리지 않고 정년퇴직할 때까지 월급 받는 직업이 그거 밖에 더 있냐?그런 넌?

하림 : 난 잠자리처럼 될 거다.

상필 : (어이없어서) 진짜 쪼잔한 놈이네. 이거 이왕 날개 있는 거 독수리 보라매, 하다못해 갈매기도 아니고, 잠자리가 뭐냐? 잠자리가?

하림 : 상필아 너 잠자리가 시속 100킬로미터로 날 수 있다는 거 아냐?

상필 : 아 그럼 시속 100킬로미터도 못나는 어(딨어 하려다) 어? 시속 100킬로미터?

하림 : 어. 그 연약한 날개로 시속 100킬로미터를 난단다. 그뿐만 아니라 정지 비행두 할 수 있다? 비행술이 좋아서 먹이하난 기가 막히게 잡는데. 그걸루 3억년이냐 버텼단다. 멸종되지 않구?

상필 : 뭐 3억년이냐?

하림 : 어 난 잠자리처럼 살거다. 가늘고 길게!

상필 : ....

하림 : 남들이 안 알아주면 어떠냐. 내가 행복하면 됐지. 안 그러냐? (뒤로 벌러덩 눕는다)

상필 : (같이 따라서 벌러덩 누우며) 그러엄.

하림/상필 : (서로 쳐보다보며 웃는다)

하림 : 출. 사. 표.

하나, 나는 청운의 꿈을 품고 공고에 진학한다!

둘, 나는 열심히 노력해서 졸업할 때까지 자격증 열 개 이상 딴다.

셋, 나는 졸업해서 가능한 월급 많은 직장에 취직한다. 그래서 엄마 아빠에게 효도한다.

넷, 나는 죽는 그날까지 해피하게 산다!

엄마와 하림의 신경전은 시작인 것인지 모른다. 어쩌면 고등학교 졸업하는 그날까지 하림이는 엄마와 갈등을 빚을지도 모르겠다. 하지만 하림이는 결국 해내겠지! 이하림은 진짜 아무도 못 말리는 아이니까!

[출처 : KBS TV 드라마 『반올림』 – 잠자리의 꿈. 2005년 5월 15일 방영]

출사표(出師表)

명 역사 ① 중국 삼국 시대에, 촉나라의 재상 제갈량이 출병하면서 후왕에게 적어 올린 글. 우국(憂國)의 내용이 담긴 명문장으로 유명하다. ② 출병할 때에 그 뜻을 적어서 임금에게 올리던 글.

▷ 나의 꿈을 실현시킬 출사표를 써보자.

부모와 아이의 새로운 관계 형성을 위한 방안

1. 자연스러운 관계를 형성한다.

내가 못한 꿈을 자식을 통해 이루겠다는 생각, 내가 성취했기 때문에 자식도 그것을 이어받아야 한다는 생각을 버려야 한다. 자연적인 부모 자식의 관계를 회복한다. 아이를 낳았을 때의 감격, 아이의 존재로 인해 얻은 행복을 생각하면서 사회에서 기대하는 부모의 역할, 자식의 도리 그리고 부모 자식 간의 관계를 완전히 떨쳐버리고 자연인으로서, 보다 주체적인 인간으로서 부모와 자식의 관계를 다시 만들어 가야 한다.

2. 아이에 대한 믿음을 매일 다짐한다.

아침에 일어나 아이를 안아주고 미소를 보낸다. "네가 있어 정말 행복하다. 네가 정말 자랑스럽다. 너는 훌륭하고 사랑받는 사람이 될 거야."라는 말을 마음 속에 새긴다. 아이의 행동이 공격적이고 파괴적이라 해도, 그 행동의 원인이 분명히 있을 거라며 아이를 믿어 주는 것이 중요하다. 그러면 분명 좋은 일이 일어날 것이다.

3. 독립적인 관계를 형성한다.

부모가 자식에게 정성을 쏟을 때 자식이 부모에게 다시 갚을 거라는 기대를 갖지 말고 기꺼이 준다. "네가 너한테 어떻게 했는데… 네가 어떻게 이렇 수가 있어!"하는 욕심은 버려야 한다.

부모와 자식이 서로 감정적으로 매어 있으면 모두 힘들다. 부모와 자식은 서로 독립된 인간으로 존재함을, 각기 다른 배에 타고 있다는 것을 깨달아야 한다. 자식은 부모의 안정적이고 독립적인 모습을 보면서 부모를 신뢰하고 필요할 때 조언을 구할 것이다.

아이들이 하는 뻔한 거짓말 BEST 10

1. 다음 시험엔 성적 올릴게요.
2. 공부 열심히 할게요.
3. 곧장 집으로 들어갈게요.
4. 제 친구들 엄마는 핸드폰도 사주고 용돈도 많이 줘요.
5. 공부만 해요.
6. 숙제가 너무 많아서 피곤해요.
7. 제 친구들은 다 착해요.
8. 책 사느라 용돈 떨어졌어요. 용돈 주세요.
9. 지금요? 학원이죠. 끝나면 도서관도 갈게요!
10. 남자(여자)친구 없어요.

부모들이 하는 뻔한 거짓말 BEST 10

1. 엄마, 아빠 이제부터 절대로 안 싸울게.
2. 아빠 오늘부터 술, 담배 딱 끊었다.
3. 오늘 일찍 들어가마!
4. 넌 다리 밑에서 주워 왔어.
5. 알았어. 내일 사줄게.
6. 너 이번에 1등 하면 네가 원하는 거 다 해줄게.
7. 엎어지면 코 닿는데 걸어 다녀!
8. 내가 너희 땐 안 그랬다!
9. 세뱃돈은 엄마가 관리해줄게. 엄마한테 맡겨라.
10. 엄만 아까 먹었다. 좋아하는 것도 아니고...

[출처 : http://counsel4u.dreamwiz.com]

가족에 대한 생각 넓히기

행복한 가정도 갈등은 있다

생각열기

ⓒ 이다솜(아양중학교)

많은 사람들은 가족끼리 항상 의견이 같고, 대화가 늘 부드럽게 이루어지고, 가족원 간의 욕구가 충돌되지 않는 가족을 바란다. 이를 가족의 화목이라고 생각한다.

그러나 가장 가까운 사이일수록 깊은 상처를 입히는 법. 서로에게 많은 것을 원하며 그렇게 하는 것이 당연하다고 생각하는 사이에 갈등은 어느새 우리 곁에 와 있게 된다.

가족 내 갈등이 생기거나, 가족원 간의 욕구가 다른 경우 "우리 집은 왜 이래?", "왜 나에게만 이런 문제가 생기는 거야?", "우리 집은 왜 불행하지?" 등의 고민에 빠져 갈등의 원인을 찾거나 문제를 해결하려 하기보다는 자신의 상황을 원망하는 경우가 많다. 또 지금의 갈등을 더 크게 받아들여 해결하려는 마음을 잃기도 하고, 자신의 불안정한 상황을 가족의 문제로 떠넘기는 경우도 있다.

부모의 잔소리에 대한 아이들의 불만, 아이의 생활 태도에 대한 부모들의 아쉬움, 부부 사이의 양육태도에 대한 의견 차이 등은 가족의 다양한 모습만큼이나 다양하게 존재한다.

어느 가족이나 생활 속에서 크고 작은 갈등을 겪으며 살아간다. 행복한 가족의 기준은 갈등이 있느냐 없느냐가 아니라, 그것을 받아들이는 자세와 해결해 가는 과정 속에 있다. 가족 내의 갈등을 무시하거나 회피하지 않고 한 쪽의 일방적인 주장이나 힘으로 해결하지 않으며, 합의와 협력 등의 민주적인 절차로 갈등을 해결해 가는 것이야말로 행복한 가족을 만드는 지름길이자, 해결하는 과정 그 자체가 행복을 느끼게 하는 것이리라.

행복한 가족을 원하는가? 의견 차이와 갈등이 생기는 것을 두려워하지 말자. 대화와 합의를 통해 멋지게 해결하며, 그 속에서 더 큰 기쁨을 누려보자.

해보기

어떻게 하면 아빠가 안 미워질까?

2004년 10월 17일 (일)
제목: 우리아빠

정말 고민을 많이 하고 이 일기를 쓰게 된다. 사실 난 우리 아빠에게 요즘 많은 섭섭함을 느끼게 된다.
시험이 끝나고 후련한 마음으로 컴퓨터를 하고 있는데. 소리를 지르면서 집안 청소를 하라고 하셔서 청소를 다 하였다. 그리고 설교를 1시간 동안이나 듣고 속이 상하여 그냥 잤다.
우리 아빠는 도저히 종잡을수 없는 사람인것 같다.
다른 사람이 보면 ××××라고 느낄지도 모른다. 갑자기 성질을 내며 뭐라하고. 또 좋을땐 정말 좋고…… 우리반 아이들도 우리 아빠랑 1주일만 살면 다 정신이 이상해 질 것이다.
요즘은 때로는 주먹질 까지 하신다…… 그럴때마다 "정말 이 세상에 아빠라는 존재가 꼭 필요할까? 없어도 되지 않을까?" 하는 생각이 파도 처럼 밀려온다.
때때론 내가 아끼는 물건도 맘대로 버린다.
하지만 요즘 아빠가 삼촌이랑 싸워서 주눅도 들어 계신것 같고. 하시는 일이 잘 안되어 겉으로는 표현 안하지만 많이 속상하신 것 같고. 그래서일지도 모른다……
이럴때 일수록 아빠 말씀을 잘듣고 착하게 해야 하는데. 일부러 반항 이나 하고 짜증내는 날보면 당연히 화가 나실 것도 같다.
나는 밤마다 생각한다. 어떻게 하면 아빠가 안 미워질까?…. 아빠한테 물론 말은 안하지만 밤에 혼자 운적도 많다. (어릴땐).
그런데 요즘은 남 몰래 욕한다. ㅋㅋ
정말 이 일기도 정리가 안된다. 내가 지금 생각하는 걸 순서 없이 썼나? 아~ 답답하다.
다른 아이들은 다 좋은 것 같은데……
우리 아빠도 유머 감각도 있고. 우리를 생각 하시는 마음은 끝없이 넓고 깊을 것인데……
하지만 지금은 아빠가 끝없이 싫다. 정말 짜증난다.
특히 내 물건을 함부로 버릴땐…. 정말…. 아….
내가 자식이 없어서 이런 소릴 하는지 모르겠다.
아빠가 하시는 일이 다 잘 되었으면 좋겠다. (물론 먹고 살 만큼 잘 되지만 아빠는 우리에게 해주고 싶은것이 많은데 그걸 다 못해 주셔서 그러는 것 같다. ^_^)

- 위 글은 ○○중학교 2학년 학급 모둠일기에서 발췌한 것입니다. 철수는 학급에서 부반장을 하고 있는 학생입니다.

▷ 철수가 아빠에게 속상해 하는 점은 무엇인가요?

▷ 철수가 아빠를 이해하는 마음이 있다면 어떤 점일까요?

▷ 갈등을 해소하기 위해 철수가 어떻게 노력하면 좋을까요?

▷ 철수의 마음을 풀어주기 위해 아빠가 어떻게 하면 좋을까요?

[모둠일기 기록 이후]

철수의 일기를 읽고 철수 아버지와 전화 통화를 했습니다. 철수 아버지는 철수의 지금 모습이 아버지의 청소년기와 너무 똑같아서, 철수가 아버지처럼 자라게 되지 않을까 그것이 너무 두렵다고 하셨습니다. 철수의 재능이 철수의 산만함으로 덮어질 것이 걱정이 되어 더 다그치게 된다고 하셨습니다. 철수는 일기를 쓴 이후에도 여전히 아버지와 티격태격하고 하고 있습니다.

- 철수 담임교사 -

해보기 나의 갈등 해결 방식을 알아보고, 바람직한 갈등 해결 방식을 연습해 보기

▷ 파괴적 갈등 관리 방식을 사용하는 정도는? ------------------ (　　) 점

	전혀 안씀	가끔 사용	보통 사용	자주 사용	매우 자주
갈등이 있다는 것을 인정하지 않는다					
좋은 사람은 다른 사람의 요구에 늘 맞춰 준다					
어려운 일이 생기면 피한다					
다른 일로 화가 났는데 엉뚱하게 다른 사람에게 화를 낸다					
직접 분풀이를 한다					
상대방을 헐뜯어 말다툼을 한다					
다른 사람으로 하여금 갈등 상대를 비난한다					
상대방의 약점을 비난한다					
변명이나 마음에도 없는 사과를 한다					
갈등하는 상대와 결별을 선언한다					

전혀 안 씀(0)　가끔 사용(1)　보통 사용(2)　자주 사용(3)　매우 자주(4)

* 점수가 높을수록 파괴적 갈등 관리 방식을 많이 사용하는 것이다!

▷ 건설적 갈등 관리 방식을 사용하는 정도는? ------------------ (　　) 점

	전혀 안씀	가끔 사용	보통 사용	자주 사용	매우 자주
갈등이 있다는 것은 인정한다					
갈등이 있을 때 서로의 입장을 이해하려고 애쓴다					
갈등이 있을 때 해결하려고 애쓴다					
갈등 대상을 비난하지 않고 그 행동에 대해 이야기하려고 애쓴다					
상대방이 자신의 입장을 충분히 이야기하도록 애쓴다					
갈등 상대와 직면한 문제를 대화로써 풀어 나간다					
나의 솔직한 감정을 갈등 상대에게 직접 이야기한다					
내 욕구를 줄이거나 자제함으로써 갈등을 줄인다					
사태가 나아질 때까지 기다린다					
제 3자에게 갈등 해결을 부탁한다					

전혀 안 씀(0)　가끔 사용(1)　보통 사용(2)　자주 사용(3)　매우 자주(4)

* 점수가 높을수록 건설적인 갈등 관리 방식을 많이 사용하는 것이다.

[재인용 : 전명숙(2002). 『심신수련기법』 올바른 자리 매김을 위한 가정교육 제17호(2002년 가을호)]

갈등 극복의 전략

1. 갈등 상황 수용하기

- 어떤 변화가 일어났는지 인식한다.
- 갈등이 가족에게 어떤 영향을 주는지 확인한다.
- 가족원끼리 많은 대화를 나눈다(원활한 의사소통).
- 가족에게 필요한 정보를 줄 수 있는 전문가를 찾아본다.

2. 문제해결을 위한 해결책 찾기

- 변화에 어떻게 대처할 것인지 의논한다.
- 갈등을 수용하는 태도를 갖는다.
- 다른 사람에게 책임을 전가하지 않는다.
- 갈등을 해결하기 위해 약물 복용을 하거나 술을 먹는 등의 행동을 하지 않는다.
- 마음을 열고 융통성을 갖는다.
- 가족 구성원 모두에게 이익을 줄 수 있는 해결책을 모색한다.
- 가족과 지역사회가 갖고 있는 유용한 자원을 탐색한다.

3. 가족의 결속력 강화

- 허용적이고 자유로운 대화의 시간을 많이 가진다.
- 열린 마음으로 서로의 생각과 감정을 나눈다.
- 다른 사람의 생각과 감정을 수용한다.
- 서로 격려한다.
- 가족끼리 함께 즐기는 시간을 갖는다.

4. 서로의 인간적 성숙 격려

- 가족원들이 성숙할 수 있도록 서로 격려한다.
- 동료 및 지역사회의 여러 관계를 잘 유지한다.
- 미래의 목표를 설계한다.
- 개인과 가족의 목표를 달성하기 위해 계획을 세운다.

네 답답한 고민이 뭐야?

Q. 아빠가 무서워요!

시간이 지나면서 아빠가 오는 시간이면 무서워져요.

처음에는 반겨주시는데 무슨 말만 하려고 하면 인상 쓰고 소리부터 지르세요. 항상 소파도 아빠 혼자 차지하시고, 이제 중학교 들어가는데 자꾸 어린애는 끼어들지 말라고 하시고, 공부하라고 하시면서 텔레비전 크게 틀어 놓으시고..... 제가 받는 스트레스는 거의 아빠 때문에 생겨요. 가출하고 싶어요. 고민 좀 해결해 주세요.

– ㅇㅇ초등학교 6학년 노유민 (가명)

A. 고민 언니의 아버지도 굉장히 무서운 분이셨어요. 그래서 고민 언니도 갈수록 아버지를 피하게 되고 대화도 안 하게 되고, 때로는 함께 사는 것이 숨이 막히는 듯한 느낌도 들었어요. 그래서 고민 언니 선생님도 여러 번 가출을 생각했었고, 아버지를 미워하는 마음도 많이 커졌어요. 어른이 되고 나서야 아버지를 어느 정도 이해하고 다시 대화를 시작할 수 있는 마음의 여유가 생기더라고요. 점점 더 늙고 힘이 없어지기 시작하는 아버지의 모습이 슬프게 보여서 그랬나 봐요.

그래서 지금 유민이의 마음이 얼마나 힘들지 조금은 이해가 돼요. 아이들에게도 자신의 의견을 말하고 존중받을 권리가 있는데, 많은 어른들은 그런 생각을 갖고 있지 않아요. 그리고 어른들의 시각에서 아이들의 생각과 바람을 함부로 판단해버리기도 하고요.

하지만 고민 언니에게는 지금 유민이의 문제에 대해 '짜잔~' 하고 당장 해결해 줄 수 있는 그런 묘책이 떠오르지 않네요. 주위를 보면 자라면서 아버지와 갈등을 겪는 사람들이 굉장히 많이 보이는데, 대부분은 문제를 해결하지 못한 채 그냥 살아가고 있어요. 같이 살기만 할 뿐 서로 다른 세상에 사는 사람들처럼 대화 없이 지내는 거죠. 다들 아버지랑 부딪혀서 문제를 해결하기가 두렵고 과연 해결될까 의심도 되고 그래서인가 봐요.

만약 유민이에게 좀 더 큰 용기가 있다면, 아버지께 어떤 점을 고쳐주셨으면 좋을지 솔직하게 말씀 드려봐요. 고민 언니도 나중에 커서 '좀 더 일찍 아버지께 내 마음을 솔직히 털어 놓고 대화를 나눴더라면 관계가 더 악화되지는 않았을 텐데.' 하고 후회를 했거든요. 처음에는 아버지가 화를 내시고 기분 나빠하시겠지만, 유민이가 차분하게 그리고 진정으로 말씀드리면 아버지도 조금은 달라지실지도 몰라요. 말로 하기 힘들다면 편지를 써 볼 수도 있을 테고, 어머니나 다른 형제자매에게 함께 얘기해 보자고 말해 볼 수도 있을 거예요. 또는 비슷한 상황을 다룬 텔레비전 드라마나 영화를 찾아보고 아버지와 자연스럽게 함께 보는 시간을 만들어 유민이의 마음을 간접적으로 이야기할 수도 있을 거예요. 참고 불만을 모아두었다가 한꺼번에 이야기하려면, 유민이도 힘들고 아버지도 더 받아들이기 힘들 거예요. 무조건 말 잘 듣고 참는 '착한 아이'가 되는 것보다는 그때그때 자신의 마음을 당당히 이야기하는 게 더 좋지 않을까요?

만약 도저히 말할 용기도 나지 않고 아버지가 달라질 가능성도 잘 보이지 않는다면, 아버지와 좋은 관계로 지내는 걸 깨끗이 포기하고 될 수 있는 한 아버지랑 부딪히지 않고 살아가는 수밖에 없겠지요. 물론 이것이 최선의 해결책은 아니고, 아버지가 더 이상 유민이에게 '소중하고 의미 있는 사람'이 될 수는 없겠지만 마음은 좀 더 편안해질 수 있을 거예요.

다만 가출은 마지막 선택인 것이 좋아요. 서로 떨어져 있어 보는 게 부모님에게도 유민이에게도 도움이 될 수 있을 거예요. 하지만 집을 떠날 때에는 가서 머무를 곳이 확실해야 해요. 집에서 갈등을 겪는 아이들이 잠시 집을 떠나 마음 놓고 안전하게 머물 수 있는 공간이 마련되어 있다면 좋으련만, 그런 곳은 찾기가 힘들어요. 그런데도 무작정 가출을 하게 되면 집 밖 세상에서 또 다른 위험을 만나게 되거든요.

- 인권운동사랑방 인권교육실 -

[출처 : 『고래가 그랬어』(2004) 6호 - 야간비행]

▷ 고민 언니가 대답해 준 해결 방법을 찾아 밑줄을 그어 보세요.

▷ 어떤 방법을 선택했을 때 유민이와 가족에게 도움이 될까요?

가족에 대한 생각 넓히기

다른 행복 찾기

우리는 살아가면서 중요한 가치나 목표를 잃어버리고 앞만 보고 질주할 때가 있다. 그럴 때 한 호흡을 멈추고 내가 왜 여기 이렇게 행동하고 살아가고 있는가에 대한 근본적인 질문을 해야 할 때가 있다. 우리가 살아가는 진정한 목표는 행복이 아닐까 싶다.

경쟁에 길들여진 지금의 우리 주변 환경은 자칫 잘못 생각하면 우리 앞에 놓여 있는 많은 문제들에 진정으로 마주하고 바른 해결을 하기보다는, 옆의 동료를 이기는 것이 지상목표인 것 같은 착각에 빠지게 한다. 그러나 돌이켜 생각해보면 남을 이기고 나만 행복하다는 것은 있을 수 없는 일이다.

세계 역사에 일어난 많은 사건들이 그것을 말해준다. 가령 다른 나라에 전쟁이 일어났다고 해도 우리의 마음은 편할 수가 없다. 남의 나라 일이니 난 모르겠다는 생각을 가졌다면 그 생각은 잘못된 것이다.

역사상 행복한 인물, 성공한 인물을 들라 하면 예수나 부처를 드는 사람이 많다. 그 분들의 삶은 철저하게 행복한 삶이 어떤 것인지를 몸으로 보여주었으며, 가르침의 핵심 내용은 행복의 비결이다. 우리들은 그 분들의 가르침에서 너무 멀리 와 있는 것인지도 모르겠다.

여기서는 잠시나마 우리는 우리 생애에서 중요한 것이 무엇인가를 생각하고, 또 그 것을 찾기 위해서 노력하는 사람의 글을 읽고 생각해보도록 하자.

사회적 성공은 인생의 성공인가?

바느질

이오덕

나는 요즘 바느질하는 맛을 들였다.
단추를 단단하게 고쳐달고
속옷 안 맞는 것도 줄이거나 기워서 입는다.
양말은 밑바닥에 질긴 천을 대 놓으면
신기가 좋고 발이 편하다.
등산양말 떨어진 것은
아주 잘라 버리고
긴 목을 두 개 이어 붙이면
정강이고 무릎이 따뜻해서 좋다.
수건을 두 장 석 장
포개어 누벼 놓으면
배덮개도 되고
방석도 되고
덧버선을 만들 수 있다.
그걸 누비면서
열십자수를 놓기도 하고
별표를 만들기도 하고
날아가는 새도 그린다.
어젯밤에는 자다가 눈이 떴는데,
바느질이 하고 싶어
그만 이른 새벽에 일어났다.
한 땀 한 땀 꿰매는 재미가 글쓰기보다 낫다.
이런 행복을 몰랐으니 참 내가 지금까지
얼마나 바보로 살았나.
세상의 여자들이 어째서 남자보다
더 끈질기게 더 오래 사는가 했더니
그 까닭이 있었던 것이다.
이제 나는 내 닳아빠지고 갈기갈기 찢겨버린
몸과 영혼까지도 한 땀 한 땀 소중히 꿰매면서
꿰매는 정성으로 기쁨으로
살아가야겠다.

배우에서 농부로

신중하 씨는 연극배우였다. 극단 황토의 기획실장으로 「카덴자」, 「달집」 등을 연출하거나 배우로서 무대에 서기도 했다, 그에게 연극은 치열했던 80년대를 꿰뚫는 삶의 방식이었고 그는 연극을 통해 비민주적인 정권의 폭력에 저항했다. 문화가 죽은 나라, 문화가 억압받는 나라는 죽은 나라라는 신념이 그가 연극을 하는 이유였다. 연극을 하며 평생 동지인 아내 박현숙 씨도 만났다.

이제 신중하 씨의 직업은 농부다. 작은 체구에 깡마른 몸매에도 불구하고 노동으로 단련된 그의 팔뚝엔 강인함이 넘친다. 누가 보아도 그는 깡다구 있는 농부다. 그는 김성훈 전 농림부장관에게 역사에 남는 장관이 되어 달라는 고언과 함께 농촌을 살릴 수 있는 제안을 담은 장문의 편지를 보냈다. 김 전 장관은 만나서 의견을 듣고 싶다는 감사전화로 그의 성의에 답을 하기도 했다.

그는 또 연구하는 농부다. 귀농학교에서 배웠던 내용을 토대로 각종 퇴비며 유기농약을 스스로 연구하고 만들어 실험하고 있다. 도열병약이나 풀 제초제도 만들었는데 큰 효과를 보았다고 한다. 그렇게 가꾸어온 그의 고추밭은 진안군에서 가장 좋은 땅으로 공식 인정을 받아 놓았다. 인터넷을 뒤져 각종 농업관련 자료를 모았을 뿐만 아니라 농부에게 그리고 귀농자들에게 도움이 될 만한 농업정책 자료도 이미 그이 머릿속에 모두 입력되어 유기농업이 확산되기 위한 정책적인 방안까지도 모색해 두었다. 언젠가 그 자료들이 농촌과 농사짓는 이들을 위해 사용될 것이다. 자칭 '물 만난 고기' 처럼 그는 농촌에서의 삶을 즐기며 기꺼이 제 역할을 다하고 있다.

그가 제초제를 뿌리지 않고 농약도 치지 않는 농사를 하자 고향사람들은 그를 '미친놈' 이라고 흉 봤다. 어머니도 그의 농사법을 못마땅하게 여겼다. 덕분에 동네 농사가 잘못되면 책임은 그가 다 떠안다시피 해야 했다. 고추밭에 탄저병에 돌면 그의 밭에 약을 치지 않아 전염이 됐다며 탓을 했고, 이웃한 밭에서는 경계를 가르는 차광막까지 설치해서 그의 마음을 아프게 했다. 목초액과 식초, 소금 등을 섞어 엷면 살포를 하는 걸 농약 치는 걸로 오해한 이웃 사람이 '약 안친다는 건 거짓말' 이라고 어이 없어 하는 통에 별 수 없이 유기농약을 직접 먹어 보임으로써 오해를 벗는 해프닝도 있었다. …… 중략 …

그의 어머니가 농사짓는 아들을 오히려 자랑스러워하게 된 것도 그만한 이유가 있었다. 요새는 유기농을 어떻게 하는 것이냐, 고추에 뿌리는 약이 뭐냐 하는 식의 지극한 관심을 받으며 농사를 짓고 있다. 하루는 고추 모종밭에 김을 매는데 마을 할머니들이 오셔서 함께 일을 해주었다고 한다. 돈을 드려도 사양하고 말이다. 어느새 그가 사는 마을에는 공동체 정신이 서서히 복구되고 있는 듯했다. … 생략 …

내가 귀농을 해야 하는 10가지 이유

1. 늙어서 인생을 허비하고 싶지 않다.
   적절한 노동을 하고 공동체 안에서 존경을 받고 싶다.
2. 돈의 노예가 되고 싶지 않다.
3. 룸살롱, 단란주점 등의 문화에서 벗어나 자유롭고 싶다.
4. 진정한 노동과 땀을 흘리고 싶다.
5. 집사람, 아이와 함께 많은 시간을 같이하고 싶다.
6. 남과 비교하지도 않고, 경쟁의 문화에서 벗어나고 싶다.
7. 집을 내 힘으로 지어보고 싶다.
8. 삶의 진정한 의미, 진리를 깨닫고 싶다.
9. 자라나는 청소년들에게 경쟁이 아닌 화합, 진정한 삶의 철학을 이야기해주고 싶다.
10. 간디, 스콧 니어링의 삶을 존경하고 그와 같은 삶을 영위하고 싶다.

[출처 : 『인드라망』(2002). 3 · 4월호]

평화로움

우리가 만일 행복하지도 않고 평화롭지도 못하면 우리는 평화와 행복을, 이웃과 그리고 한지붕 아래 살고 있는 우리가 사랑하는 이들과 나눌 수가 없습니다. 그러나 우리가 평화롭고 행복하면 우리는 꽃처럼 피어나 우리의 가족과 전 사회 안에 있는 모든 사람들이 우리의 평화로부터 혜택을 받을 것입니다.

푸른 하늘의 아름다움을 즐기기 위해서 우리가 특별한 노력을 할 필요가 있을까요? 그것을 즐기기 위해 수련을 해야만 될까요? 아니지요. 우리는 그것을 그저 즐깁니다. 우리 인생의 매 분 매 초를 우리는 그렇게 살 수 있습니다. 우리가 어느 곳에 있든지 어느 시간이든지 우리는 햇빛을, 서로의 존재를 그리고 우리 호흡의 감각까지도 즐길 수 있습니다.

푸른 하늘을 즐기기 위해서 우리는 중국에 갈 필요가 없습니다. 우리의 호흡을 즐기기 위해서 미래로 여행을 할 필요가 없습니다. 지금 바로 그들과 접촉할 수 있습니다. 우리가 오직 고통에만 마음을 쏟는다면 유감스러운 일입니다.

[출처 : 틱낫한(2002). 『평화로움』 장경각]

▷ 요즘 귀농 가족이야기를 TV나 잡지 등에서 자주 접할 수 있습니다. 귀농하여 사는 사람들을 보면 무슨 생각이 드나요?

▷ 왜 그와 같은 삶을 선택했을까요?

▷ 행복은 작은 것에서 기쁨을 찾는 것으로 시작한다고 합니다. 여러분은 행복해지기 위해서 어떤 노력을 했나요?

▷ 여러분은 어떤 순간 행복했나요? 그 기억을 더듬어 이야기해 봅시다.

▷ 행복하게 살고 있는 사람을 가족이나 친구, 이웃 중에서 찾아 인터뷰해 봅시다.

행복유예선언

유예선언이라는 말이 있습니다.
당분간은 미룬다거나
언제까지 보류한다는 말이지요.
사람들은 행복에 있어서도 이 유예선언을 한 채
행복을 미루거나 보류해 두려는
습관을 가지고 있습니다.
막연히 내게도 행복한 때가 오겠지 하고
이 다음에 행복해지기를 바라는 사람에게는
행복도 찾아가기를 꺼립니다.
지금 당신의 현실은
다이아몬드가 아닐지 모릅니다.
하지만 당신에겐 다이아몬드보다
더 휘황찬란한 일상이 있습니다.
늘 곁에서 힘을 북돋워주는 가족,
아침이면 출근할 직장을 가지고 있다는 것,
오랜만에 떠오른 밝은 보름달을
바라볼 수 있는 당신의 일상
'행복유예선언' 으로 자신에게 주어진 행복을
미루지 말고 당신의 일상에
참 행복이 있다는 사실을 깨달으시기를····
그렇지 않다면 먼 훗날 당신의 묘비에
이런 글이 쓰여질지 모르기에····
'오늘은 늘 행복하지 못하고
내일은 행복해질 거라 굳게 믿었던 사람 여기 잠들다.' 라고

[출처 : 박성철(2003). 『삶이 내게 주는 선물』 주변인의 길]

둘째마당 | 다시 만들어가는 가족

가족, 그 아름다운 이름을 위하여

- 가족의 역할 나누기
- 제대로 하는 의사소통
- 가족회의 이렇게 해 보세요
- 함께 살면서 지켜야 할 약속

행복한 가족을 위한 경제 이야기

- 우리 집 살림살이 알아보기
- 나의 씀씀이 살펴보기
- 가족간의 소비욕구 조율하기

우리 가족 사랑하기

- 사랑 표현하기
- 사랑을 키우는 가족 문화 만들기

가족, 그 아름다운 이름을 위하여

가족의 역할 나누기

생각열기

우리집의 역할 분담 기록표

남편 ● 아내 ○

일 \ 날짜	식사 준비	설거지	청소	세탁기 돌리기	빨래 널기	빨래 걷기	분리 수거 하기	아이학교 데려다 주기	아이 숙제 봐주기	문단속 하기
4.4	○	○	○	●	●	●	●	●	○	●
4.5	○	●	○			●		●	●	●
4.6	○	○	●	●			●	○	●	●
4.7	○	○	○		●			●	●	●
4.8	○	●	○	○	●			●		●
4.9	○	●	○			●	●	○	●	●

명성황후란 뮤지컬은 배우들의 뛰어난 가창력과 무대의상 등이 어우러져 세계적으로 뛰어난 작품으로 인정받고 있다. 한편의 연극을 공연하는데도 여러 가지 소품과 장치 및 배우들이 필요하며, 또 각각의 구성요소들이 제 자리에서 제 몫을 다할 때 연극은 제대로 된 감동을 줄 수 있다.

특히 여러 가지 연극의 구성요소 중 배우의 역할은 연극에 생기를 불어 넣어주는 가장 중요한 구성요소가 아닐까 생각한다. 물론 여러 가지 연극의 구성요소가 순간순간 연극에 재미있는 양념 역할을 하겠지만, 전체적인 흐름을 살리는 데에는 배우가 가장 중요한 역할을 하는 것을 누구도 부인하지 못할 것이다.

만약 명성황후에서 배우들이 자신의 역할을 제대로 이해하지 못하고 행동하거나, 또는 중간에 다른 변수가 생겼는데도 불구하고 맨 처음부터 정해진 자신의 역할만을 고집하면 그 연극은 어떻게 될까? 아마 지금과 같은 명성은 얻지 못하고 정말 재미없는 뮤지컬이 되었을 것이다.

그러면 우리의 가족은 어떨까? 가정의 가장 중심적인 요소인 가족 구성원들이 연극에서의 배우가 아닐까. 즉 가족 구성원이 자신의 역할을 알고, 서로에 대한 이해와 존중을 바탕으로 가족 관계를 형성해 나갈 때에 우리의 가정은 진정으로 건강성을 지켜나갈 수 있을 것이다.

해보기

가족이해 하기

성악가인 김○○씨는 아침이 무척 분주하다. 새벽 6시에 일어나 3남매의 등교준비를 돕고, 아이들의 아침식사를 챙긴다. 큰아이가 9살, 둘째가 7살, 막내가 3살이라 모두다 손이 가는 상황이지만 그 중 큰아이는 자신의 일을 스스로 알아서 하고 둘째를 도와주면서 학교갈 준비를 한다. 막내를 밥을 먹이고 옷을 입혀 어린이집에 태워 보내고 나면 아침 8시. "엄마 아빠 노릇 둘 다 하려니 바쁘죠. 그래도 큰애, 작은애가 제법 집안일이 서툴기만 한 아빠를 많이 도와주지요."

아내와는 3년 전에 헤어졌다. 아이들은 자신이 맡았다. "더 잘 키울 자신이 있어서요." 처음에는 불편한 것 투성이었다. 파출부를 고용했다가 후회도 했다. "녀석들이 게을러져서 손가락을 까닥도 안하는 거예요. 모두 불러 가족회의를 열고 청소와 빨래, 설거지 당번을 정했지요." 남들은 어떻게사나 걱정하지만, 엄마가 없는 상황에서는 아이가 셋인 상황이 차라리 축복이다. 강의, 공연, 집안일까지 하루가 바쁜 아빠를 위해 아이들은 저희들끼리 서로를 위하고 사랑하며 돕는다. 엄마 역할까지 해야 하는 아빠는 잘 못하지만 잘 하려고 노력하며, 아이들 스스로 자기 일을 할 수 있도록 원칙을 잡아주고 지켜보는 것뿐이다.

항상 마음 한 구석이 아프지만 자신의 마음을 숨기고 아이들에게 대범하고 자상한 아버지의 모습을 보이려고 노력하는 것도 그 때문이다. "저 자신은 물론 아이들 스스로 일어설 수 있는 힘을 기를 수 있게 도와주고 싶어요."

엄마의 자리는 아쉽지만 부성이 모성보다 못한 건 아니라고 믿는다.

[출처 : 성악가이자 선교사인 김○○ 씨 이야기]

▷ 아버지 김○○ 씨처럼 집안일을 혼자 다 하지 않고 어리지만 가족들이 집안일을 나누어 하도록 하는 지도 방식에 대해 어떻게 생각하나요?

▷ 내가 위와 같은 상황에 처했다면, 나는 아버지를 어떻게 도울 수 있을 까요?

▷ 가족이 하는 일을 알아보고, 그 역할을 대신해 봅시다.

예) 다른 가족에게로의 출장

– 부모님 일터 체험하기, 형제자매간의 역할 바꾸어 보기, 조부모 되이보기

해보기

가족들이 하는 일은 무엇이 있을까?

▷ 이런 일들은 누가 하고 있나요? (역할 점검해 보기)

집안의 여러 가지 일	일을 주로 하는 사람 (가족 구성원)					비고
	가족원1	가족원2	가족원3	가족원4	가족원5	(역할분담을 새롭게 해보기)
식료품을 구입하는 것은 누가 하나요?						
식사 준비는 누가 하나요?						
음식물 쓰레기는 누가 버리나요?						
설거지는 누가 하나요?						
평상시 아이를 돌보는 일은 누가 하나요?						
아픈 가족원은 누가 돌보나요?						
집안 청소는 누가 하나요?						
빨래는 누가 하나요?						
가족 규칙을 정하는 일은 누가 하나요?						
집안의 큰 행사의 준비는 누가 하나요?						
가족 휴가나 나들이는 누가 계획하나요?						
돈은 누가 버나요?						
경제 관리는 누가 하나요?						
저축의 규모는 누가 결정하나요?						
집안의 고장난 곳을 수리하는 일은 누가 하나요?						
차를 관리하는 일은 누가 하나요?						
실내장식품이나 가구선택은 누가 하나요?						
기타 일(화분물주기, 애완동물 돌보기 등)을 찾아보세요.						
계						

▷ 역할 분담이 적절하다고 생각하나요? 아니라면 왜 그렇다고 생각하나요?

▷ 역할 분담을 새롭게 정해봅시다.

- 위의 일들 중에서 더 힘든 일이 있나요?
- 있다면 힘들다고 여겨지는 것부터 순위를 매겨봅시다.
- 가족 내에서 역할 분담이 되지 않은 사람이 있나요?
- 있다면 그 사람이 할 수 있는 역할을 찾아봅시다.

우리는 행복한 평등부부

– 남편일, 아내일 구분 없는 '평등부부상' 수상 –

여성신문사가 1988년부터 주관한 평등부부상 수상자 가족들의 이야기를 들어본다.

'싸움도 불사' 극과 극 맞췄다 – 1회 평등부부로 선정됐던 변재란 · 최정현 부부

'반쪽이'로 잘 알려진 만화가 최정현씨와 영화평론가 변재란 씨 부부가 상을 받을 당시 주변의 주된 추천 사유는 '육아 문제를 잘 해결하고 있다.'였다. 그러나 만화를 통해서도 소개됐지만 이들은 많은 부분에서 평등한 관계를 위한 '원칙'을 만들어 놓고 있다.

경제 문제의 경우 이들은 각자의 통장을 알아서 관리한다. 상대방의 통장에 얼마가 들어 있는지도 알지 못한다. 또 변씨는 의식에 해당하는 부분과 경조사비를 담당하는 반면 최씨는 주거를 위한 비용과 공과금을 맡고 있다. 변씨는 "교육비는 호주제가 바뀌기 전까지 최하예린이므로 남편이 부담하도록 했다."고 말한다.

가사 노동 역시 서로의 성격에 맞추어 변씨는 식사준비를 남편은 설거지를 담당하고 있다.

이들은 대부분의 가정에서 경험하는 어려움인 '시부모와의 관계'에서도 큰 문제를 겪지 않고 있다. '각자의 부모님은 각자 알아서 봉양한다.'고 정했기 때문이다. 또 남편 최씨가 '부모와 자식은 독립된 개인'이라고 생각하는 것도 큰 작용을 한다.

변씨는 "흔히 평등부부는 진보적 의식을 가진 남성이 어디선가 나타날 때 이뤄지는 것이라고 잘못 생각한다."면서 "그러나 함께 살아보니 평등한 관계가 되는 것은 삶 속에서 서로 싸우고 의견을 맞춰나가는 과정 속에서 이뤄지는 것"이라고 지적한다.

이들은 자신들에 대해 "예전이나 지금이나 서로 의견이 평행선을 달릴 만큼 극과 극의 성격"이라고 말한다. 이같은 성격 차이에도 불구하고 함께 살 수 있었던 건 "무엇보다 서로 의견을 '이해 · 존중'했기 때문"이라고 말한다.

평등부부상을 받고 나서 "우린 정말 평등해졌다" – 강명순 목사/ 한국부스러기복지선교회 대표

우리 부부는 평등부부상을 받고 난 뒤에 더 평등해졌다. 평등부부상을 받았지만 사람들이 쉽게 생각하는 문패에 두 사람 이름쓰기, 재산공동명의, 가사노동의 평등함 때문이 아니었다. 산동네, 판자촌에서 시작하여 1995년까지 가난한 사람들을 잘 섬기며 함께 사랑을 나누고 독재정권 아래 민주화와 빈곤한 아동, 청소년들의 권리를 위해 함께 고난을 평등하게 받았다는 것이었다. 우리는 평등부부상을 받은 후 크게 반성했다.

평등부부상은 우리에게 칭찬이 아니라 족쇄(?)이며 채찍질(?)이었다. 무엇보다 형식적인 평등보다 삶의 질 즉 내용적인 평등을 강조했기에 자유로웠던 것들이 우리의 생각 속에서 "우린 평등부부니까!"라는 말을 입밖에라도 내면 그 자유로움이 안개 속에 갇혀버렸다.

늘 교회 사택에 살거나 햇빛 한번 들어오지 않는 판잣집 혹은 지하 셋방이라 문패 달 일이 없었고 재산이라고는 그 달 벌어서 그 달에 다 쓰게 되어 있어 공동 이름으로 된 통장 관

리할 일이 없고, 매달 생리휴가 하루를 받아 제일 배가 많이 아프고 우울한 날은 밥도 빨래도 하루종일 안 하도록 식구들의 협조를 받은 상태였다. 한 가지 숙제가 있었다면 가사노동 부분이었다. 평등부부상을 받고 TV며 신문, 잡지에서 인터뷰를 할 때 남편보고 설거지하거나 빨래를 널고 다리는 모습을 찍자고 했을 때 우리는 정말 당황했다. 그래서 노동시간이나 형태의 평등이 아닌 다른 길을 모색하게 되었다. 그래도 가부장제도의 찌꺼기는 남아 있어서 내 사랑하는 남편은 내가 짜증내거나 평등함을 요구할 때마다 잘 참고 견디다가 드디어 반격을 시도했다. 자신이 목사이므로 부인도 평등하게 목사직분을 받도록 훈련받고 신학공부도 해야 한다는 것이었고 강남대 사회복지대학원에서 늦깎이 공부를 시작할 때도 공부하기 싫어 책만 봐도 머리에 쥐가 났던 나에게 평등부부임을 강조했다.

드디어 인간승리!! 우리는 평등하게 둘이서 해냈다. 졸업도 하고 여자 목사로 감리교회에서 안수도 받았다. 나는 결식 · 빈곤아동을 위해 한국부스러기복지선교회에서 일하고 남편은 경로식당을 운영하며 노인복지선교를 하고 안산 제일감리교회에서도 공동목회를 한다.

우린 정말 평등부부상을 받고 난 뒤에 더 평등해졌다. 평등부부상을 주셔서 우리 부부는 더 사랑하고 더 새로워져 늘 감사하며 살고 있다.

아내 같은 남편, 남편 같은 아내 – 오성근 · 이정희 부부

결혼 8년째인 부부는 매일 아침 밥상을 차리는 것은 남편 오성근씨다. 오성근 씨가 아이를 등에 업고 장바구니를 들고 장에 다니기 시작한 것은 딸 다향(3)이가 태어나고부터이다.

산달 전에 조기 진통이 온 후 마땅히 간병할 사람이 없는 상황에서 맞벌이였던 이 집은 남편이 직장을 포기했다. 이웃주부들과 육아모임에도 활발히 참여하고 있는 오성근 씨의 딸사랑은 대단하다. 아이의 콧물을 입으로 빨아낼 정도이다.

아직까지 서로에게 경어를 사용하는 이들 부부는 결혼 전 '상대방에 대한 객관적인 이해를 높이고 서로에 대한 배려를 키우기 위해' 결혼준비모임에도 함께 참여하기도 했다. "필요하다면 남자도 살림하고 아내가 원한다면 사회생활을 할 수 있다."는 전형적인 평등부부다.

독립적이되 조화를 이루죠 – 조남상 · 임경화 부부

천안에서 파파이스 매장을 각각 운영하고 있는 조남상 · 인경화 부부는 주식회사 이름도 남편과 아내의 이름을 따서 '남경호'로 바꿀 정도로 11년 동안의 부부금슬을 보여주고 있다. 남편은 된장국, 아내는 생선회를 좋아하는 등 취향이 다르지만 식사때나 외식할 때 한 번도 의견충돌을 일으킨 적이 없다고 한다.

아내 임경화씨는 현재 대학원에서 스포츠마케팅을 전공하고 있다. 집안형편이 어려워 전문대를 다닌 것에 대해 마음 아파하는 장모님에게 남편은 "여유가 되면 공부를 마저 하도록 뒷바라지 하겠다."고 약속했다. 그 약속은 결혼후 지켜졌고 임경화씨는 무용과에 편입해 학업을 마쳤고 석사과정 중에 있다. 부인이 학교를 다니는 동안 남편은 집안일을 도맡았다.

[출처 : 여성신문]

가족, 그 아름다운 이름을 위하여

제대로 하는 의사소통

생각열기

좋아하는 사람의 말은
거칠어도 부드럽게 들리고

미워하는 사람의 말은
부드러워도 거칠게 들린다.

나무람은 작게 말해도
크게 들리고

칭찬은 크게 말해도
작게 들린다.

2002년 6월은 월드컵 열기로 온 나라가 흥분과 격정에 휩싸였다. 단순히 월드컵을 개최해서만이 아니라 한국 축구가 4강 진출을 달성하고 그로 인해 '붉은 악마'로 대변되는 대한민국 국민들은 무엇이든 해낼 수 있다는 자신감을 선물로 받았기 때문이다. 붉은 악마가 승리를 거둔 것은 '칭찬'이라고 한다. 대표팀에 대한 붉은악마들의 믿음과 격려, 히딩크 감독의 전폭적인 신뢰와 칭찬이 '월드컵 4강 진출'이라는 신화를 만들어낸 것이다.

칭찬이라는 말은 누구나 좋아하지만 실제 우리들은 칭찬과 격려보다 질책과 무관심, 부정적인 반응에 익숙해져 있다. "또 늦잠이야" "왜 이렇게 늦니?" "넌 그것밖에 못해?" 등 이러한 표현을 들을 땐 괜한 반발심이나 짜증이나 위축감을 느끼게 된다. 켄 블랜차드는 『칭찬은 고래도 춤추게 한다』라는 책에서 칭찬의 위대함을 고래의 반응을 통해 이야기하고 있다.

'말 한 마디로 천 냥 빚을 갚는다.'는 옛 속담에서 보듯이 정이나 의견을 표현할 땐 말이나 행동이 어떤가에 따라 가족간의 원활한 의사소통이 이루어지기도 하고 그렇지 못하기도 한다. 때로 말이나 행동은 상황에 따라 다른 의미를 지니고 있다. 대화를 나눌 때 말의 속뜻을 생각하고 주변상황을 고려하여 말의 의미를 짐작하기도 한다.

바람직한 의사소통은 가족간의 친밀감을 높이고 원만한 관계를 유지하여 행복한 가정을 만들 수 있는 것이다.

칭찬 10계명

1. 칭찬할 일이 생겼을 때 즉시 칭찬하라.
2. 잘한 점을 구체적으로 칭찬하라.
3. 가능한 한 공개적으로 칭찬하라.
4. 결과보다는 과정을 칭찬하라.
5. 사랑하는 사람을 대하듯 칭찬하라.
6. 거짓 없이 진실한 마음으로 칭찬하라.
7. 긍정적인 눈으로 보면 칭찬할 일이 보인다.
8. 일이 잘 풀리지 않을 때 더욱 격려하라.
9. 잘못된 일이 생기면 관심을 다른 방향으로 유도하라.
10. 가끔씩 자기 자신을 칭찬하라.

[출처 : 켄 블랜차드 외(2003). 『칭찬은 고래도 춤추게 한다』 21세기북스]

속마음 알기

• 개와 고양이 이야기

여러분은 개와 고양이가 왜 앙숙인지 아세요? 그것은 서로 간에 감정 표현이 다르기 때문입니다. 개와 고양이가 꼬리를 흔드는 모습을 잘 관찰해보면 다름을 알 수 있습니다. 개는 기분이 좋으면 꼬리를 치켜들고 살랑살랑 흔들지만 기분이 언짢으면 꼬리를 내립니다. 그러나 고양이는 기분이 좋을 때는 꼬리를 내리지만 화가 나면 꼬리를 세운답니다. 이렇게 감정 표현이 정반대이니 개와 고양이가 만나면 서로 싸울 수밖에 없습니다. 개는 고양이를 만나면 반갑다고 꼬리를 쳐들고서 흔들고 고양이는 개의 이런 모습을 보고 '저 녀석이 나를 보고 기분이 나쁘구나. 꼬리를 저렇게 세우니…' 하고 생각합니다. 한편 고양이가 개를 만났을 때 고양이는 반갑다는 뜻에서 꼬리를 늘어뜨리는데 이 모양을 본 개는 '저 녀석이 나를 보더니 기분이 나쁘구나. 꼬리를 축 늘어뜨리고…' 하며 마음이 상하여 서로 나쁜 감정을 갖게 되는 것입니다.

▷ 위 사례에서처럼 사람들 사이에서도 표현하는 방법이 다른 경우가 있습니다. 나의 언행이 상대방에게 엉뚱하게 전달되어 오해를 받았던 경우를 이야기해 봅시다.

• 20년 만에 받은 꽃다발

영일씨와 승희씨는 결혼한 지 20년 된 부부이다. 결혼기념일에 영일씨는 평소에는 쑥스러워 하지 못했던 일을 해보기로 했다. 그래서 꽃을 사들고 집으로 들어갔다. 이것을 본 아내는 "안하던 짓을 하고 그래? 어디서 사 왔어?"라고 말하며 꽃을 받았다. 그 말을 들은 남편은 멋쩍게 "주워 왔어" 하고 말하였다.

▷ 아내의 속마음은 어떤 것일까요? 어떻게 표현하면 더 좋았을까요?

• 대답 없는 메아리

경은이는 이전보다 오른 성적을 엄마께 자랑하고 싶어 집으로 뛰어갔다. "엄마, 나 5등이나 성적이 올랐어요." 그러나 저녁준비에 바쁜 엄마는 경은이에게 고개조차 돌리지 않는다. "그래? 다음엔 더 열심히 해라." "엄마, 저 성적 올랐다니까요." "엄마 바쁜 거 안 보이니? 방에 가서 숙제나 해." 이후 저녁을 먹으며 엄마가 경은이에게 아까 했던 말이 무엇이었냐고 물었다. 경은이는 "응. 배고프다고 밥 빨리 해달라고 말했어." 라고 말할 뿐이다.

▷ 위와 유사한 경험이 있는 경우 그때의 느낌을 이야기해 보고 바람직한 표현으로 고쳐 보세요.

해보기

사오정은 가라 - 듣기의 달인 되기

나는 다른 사람의 말을 잘 듣고 있는지 평가해 보자. (그렇다고 생각하면 ○표)

항목	
◦ 관심을 가지며 상대 말에 집중한다(시선, 자세, 몸짓, 표정으로 표현).	
◦ 상대 이야기를 방해하지 않고 듣는다.	
◦ 무시하거나 설교하지 않고 듣는다.	
◦ 이야기를 들으며 잘 듣고 있음을 표현한다(그래, 그렇구나, 음~).	
◦ 듣는 내용과 관계없는 산만한 행동을 하지 않는다.	
◦ 다른 사람의 말이 끝날 때까지 참고 기다린다.	
◦ 다른 사람이 말하는 중에 다른 얘기를 하거나 시계를 보지 않는다.	
◦ 자신이 들은 내용이 맞는지 확인한다.	
◦ 들으면서 내 감정을 크게 내세우지 않는다.	

▷ 듣는 태도에 대해 내가 고쳐야 할 점이 무엇인지 가족이나 친구에게 물어보고 적어봅시다.

해보기

말속의 가시 빼기 - 말하기의 달인 되기

나는 바람직한 방법으로 말하고 있는지 자신을 평가해 보자. (그렇다고 생각하면 ○표)

항목	
◦ 의사소통에 도움이 되는 시간과 장소를 선택한다.	
◦ 듣는 사람의 입장을 고려한다(처지, 나이, 성별 등).	
◦ 자신의 느낌, 감정 등을 정확하게 설명한다.	
◦ 상대 행동을 탓하기보다 그로 인한 나의 느낌을 이야기한다.	
◦ 사람 전체를 비난하지 않고 잘못된 행동을 구체적으로 지적한다.	
◦ 언어와 비언어적 표현을 일치시킨다.	
◦ 긍정적인 언어를 사용한다.	
◦ 지나친 자기주장이나 독설적인 말은 하지 않는다.	
◦ 격려하거나 지지, 칭찬하는 말을 주로 사용한다.	
◦ 상대가 들을 수 있는 상황인지를 파악한 후 말한다.	

▷ 말하는 태도에 대해 내가 고쳐야 할 점이 무엇인지 가족이나 친구에게 물어보고 적어봅시다.

같은 마음 다른 표현, 느낌은 하늘과 땅

바람직한 의사소통이란 나의 의견을 정확하게 전달하고 상대방의 의견은 정확히 이해하려고 노력하는 것이다. 또한, 칭찬과 격려, 지지 등의 긍정적인 언어를 사용하고, '나'를 주어로 자신의 감정과 마음을 전달하여 언어적, 비언어적 의사소통을 균형적으로 사용해야 한다.

가) '말이 씨가 된다.' 는 말이 있다. 잘못을 지적하고자 할 때도 건강한 변화의 씨앗을심을 수 있도록 해야 한다. 다음 두 표현 중 어느 것이 더 바람직할까요?

a) 너 그렇게 해서 어쩌려고 그러니?
그러다가는… 밖에 할 수 없을 걸.
그렇게 말할 때부터 알아봤어.

b) 그러고 보니 넌 참 생각이 많은 아이인 것 같애.
앞으로 계속 그렇게 많이 생각하고, 또 노력하면 네 꿈을 이룰 수 있을 거야.

나) 상대방의 생각과 감정을 정확하게 이해하고 말할 수 있는 분위기를 만들어야 하고 싶은 말을 꺼낼 수 있다. 뭔가 불만이 있어 찾아온 아이에게 어떻게 하면 좋을까요?

"너 또 별것도 아닌 일로 그러지? 너는 왜 맨 날 그러니?"

→

다) 언어를 사용하지 않고도 자신의 감정을 드러내는 것이 훨씬 효과적일 때가 있으며, 누군가가 길을 물을 때 말로 설명해주고 다시 손으로 가리키기도 하는 것처럼 때로는 언어로 말한 내용을 표정이나 동작으로 표현할 수도 있다.

다음 상황을 비언어적 메시지를 사용하여 나타내보자

- 피곤하다 →
- 화가 나 있다 →
- 길을 모르는 사람에게 길을 가르쳐줄 때 →

라) 다음 대화를 바람직한 의사소통 방법을 사용하여 바르게 고쳐보자.

선생님 : 으리, 너 또 학급 일기 안 썼지?

으리 : 깜빡 잊었어요.

선생님 : 그럴 줄 알았다.

으리 : 내일 쓸게요.

선생님 : 넌 항상 일을 미루는구나.

마) '나 전달법' 이란 '나' 를 주어로 상대방의 감정을 상하지 않게 나의 생각이나 느낌을 표현하는 의사소통 기술이다. 다음을 '나 전달법' 을 사용하여 바르게 고쳐보자 .

예) 자전거를 현관 앞에 놓아두면(행동) 신발 신기와 문 열기가 불편해서 등교시간이 더 길어지므로(행동으로 인한 영향) 화가 나(감정)

▷ 내가 학교 숙제 때문에 전화를 해야 하는데, 엄마가 계속해서 통화를 하실 때

▷ 날씨가 추운데 아이가 얇은 옷을 입고 싶어 고집을 부릴 때

해보기

• 의사소통과 관련된 속담을 알아보고, 말 한마디로 인생을 바꾼 사람들의 이야기를 찾아보기

• 올바른 의사소통법을 사용하여 부모님과 친구들에게 편지나 메일을 보내보기

가족, 그 아름다운 이름을 위하여

가족회의 이렇게 해 보세요

생각열기

가족회의란 "서로 다른 의견을 모아, 최선의 결정을 내리는 것"

'가정은 남자의 성(城)이다' 라는 말은 이제 더 이상 통하지 않는다. 현대 가정에서는 아버지와 어머니가 집안의 모든 일에 공동으로 책임을 지고 똑같이 노력하고 있다. 이제 한 사람이 다른 사람들과의 협의 없이 결정을 내리는 일은 이제 더 이상 있을 수 없게 되었다. 아버지가 권력자로서 군림하는 시대에는 일을 효과적으로 처리할 수는 있었으나 대신 자율성을 저해하고 반항심이라는 대가를 치르기도 했다. 가족간의 협의는 구성원들 자신이 가치 있는 존재라는 느낌과 소속감을 불어넣으며, 바람직한 행동을 권장하는 강력한 동기를 유발한다.

서로간의 의견을 교환하고 차이를 조정하는 과정을 통해 평등한 의사결정 과정을 배우고, 새로운 아이디어로 최선의 행동을 결정함으로써 문제를 사전에 예방하며 사랑과 존중, 평등으로 이루어진 가정생활을 즐길 수 있게 될 것이다.

가족회의를 해 보세요

교사인 민00 씨는 가족회의를 20년 가까이 해오고 있다. 가족회의 시간에는 민씨와 아내, 아들(27), 딸(24) 등 네 식구가 동등한 가족공동체의 구성원으로 참여한다. 매주 일요일 저녁이면 회의를 하고, 사회와 기록은 번갈아 한다. 회의를 할 때는 촛불을 켜놓고 온 식구가 둥근 상에 둘러앉아 차와 과일을 먹으며 의견을 나눈다. 용돈 올려주기, 신발 사주기, 여름휴가 계획 세우기, 새벽 운동하기, 휴대폰 사기, 여행경비 마련하기, 자기 일 알아서 하기 등 식구들의 생활과 관련된 일 등 모든 일들이 회의 안건이 된다. 아이들이 성장함에 따라 회의 주제도 점차 가족 내의 문제에서 사회 문제로 확대되어 가는데, 최근에는 진로 선택 문제, 배우자 선택의 문제, 직업생활 적응 등으로 바뀌어가고 있다.

교사인 민씨가 해직되었을 때는 어려움을 극복하는 데 가족회의가 큰 힘이 되기도 하였다. 아버지 민씨는 "설령 내가 하고 싶은 말이 10개가 있다 하더라도 그 중 1개만 골라 이야기하고 최대한 아이들 말을 들어야 한다. 아이들이 가족회의 시간을 엄마, 아빠가 잔소리하는 시간으로 여기게 되면 두 번 다시 가족회의를 하지 않으려고 할 것"라고 말했다. 가족회의 시간에 꼭 회의만 하는 것은 아니다. 함께 손잡고 노래도 부르고, 동화나 시를 읽고 느낀 점을 나누기도 한다. 이 밖에 신문이나 텔레비전 프로그램의 문제점 말해보기, 좋은 버릇 칭찬해주고 나쁜 버릇 고쳐 주기, 우리 집에서 남녀가 평등하지 못한 점 찾아내기,고민 덩어리 풀어주기, 가족의 사회 참여등 다양한 주제로 이야기꽃을 피운다.

아들은 "가족회의 시간은 우리 식구들이 마음을 열고 소통하는 시간"이라고 말했다.

(교사 민○○ 씨 가족이야기)

▷ 위 사례에서 민○○ 씨 가족은 가족회의를 원활하게 하기 위해 어떤 노력을 하고 있나요?

해보기

우리 집 가족회의, 이렇게 해 보세요

가족회의가 엉망이었다구요?
연습없이 되겠어요?
연습해 봅시다.

1단계	준비하기	시작할 때는 간단한 다과를 준비하여 둥글게 둘러앉는 것이 좋으며, 회의 방법이나 규칙, 진행자, 기록자 등을 정한다. 시간은 30분 이내 정도가 좋다
2단계	주제 정하기	모든 가족들에게 해당하는 것이어야 하며, 가족들의 취향, 생활습관, 가족여행 혹은 쇼핑, 운동, 가족간의 문제 해결을 위한 것 등 어렵고 힘들거나 기쁜 일, 슬픈 일, 발전을 위한 일 등 가족의 화합을 위해 필요한 경우의 그 어떤 일도 회의거리가 될 수 있다.
3단계	의견 나누기	의견을 말할 때는 간단명료하게 말하며, 상대방의 말을 집중하여 듣고 다른 사람의 의견을 진심으로 존중해주어야 하며, 자제심과 끈기를 갖고 모든 가족의 의견을 듣는다. 또한 심각하고 부담스러운 것이 아닌 즐거운 시간이 되도록 한다.
4단계	결론 얻기	협의해야할 사안이 무엇인지 문제의 근원을 생각하여 다양한 해결책을 제시하며, 전체 가족을 위해 어떤 것이 가장 좋은지를 생각한다.
5단계	실천하기	결정한 사항을 눈에 띄는 곳에 붙여놓아도 좋으며, 실천한 후 다음 회의 때 반드시 평가하여 반영한다.

가족회의 거리가 될 만한 것들

– 어렵고 힘든 일

- 가족의 일원이 병이 났을 때
- 중요한 시험을 앞둔 가족이 있을 때
- 사업에 실패했을 때
- 감당하기 어려운 사고를 당했을 때

– 기쁜 일

- 돌, 결혼, 환갑잔치가 있을 때
- 입학, 졸업, 취직이 되었을 때
- 큰 상을 탔을 때
- 승진했을 때

– 가족의 발전을 위하는 일

- 집을 마련하게 되어 이사할 때
- 집을 수리할 때
- 목돈 마련을 위해 절약이 필요할 때
- 새로운 사업을 시작할 때
- 살림을 장만할 때
- 가족여행 계획을 세울 때

– 일상적인 일

- 용돈 관리
- 집안일 분담
- 생활습관에 관한 것(예의범절, 정리정돈, 식습관, 귀가 시간, 일과 시간 등)
- 가족과 관련된 일들
- 친구관계
- 가족간의 갈등

– 가족간의 이해를 돕기 위한 것들

- 가족들의 취향 알아보기
  (좋아하는 음식, 좋아하는 TV프로그램, 가장 좋은 말, 상처 주는 말 등)
- 가족간의 눈높이 맞추기
- 가족간의 문제 해결하기

가족회의 사례 보기

[사례 1] 제 1회 가족회의 – 첫 가족회의

회장 선출

출마 : 아빠, 재연　결과 : 아빠 0, 재연 4표

주제 안건 : 1.각자 생각 발표　2.실천 사항, 벌칙 정하기 등

실천 사항 : 가족회의에서 정한 운동 매일 하기. 식사 시 반찬 골고루 먹기

평가 : 처음이라 어색하고 어설펐지만 회의라는 형식으로 가족이 모여 대화를 나누는 시간이 즐겁고 흐뭇했다.

[사례 2] 제 2회 가족회의

회장, 서기 : 변동 없음　참석자 : 아빠, 엄마, 경아, 재연

1. 지난 주 안건 평가 → 모든 안건이 비교적 잘 되었다고 평가함

2. 이번 주 안건 선정

경아 → 물건을 아껴 쓰자(1명)

가족이 모여서 하루에 한 번 "사랑해!" 하고 서로 안아주기(4명)

아빠 → 양치질을 잘하자(아침, 저녁)(4명)

엄마 → 정리정돈 잘하기(2명)

재연 → 공부를 열심히 해요!(1명)

3. 이번 주 안건 결정

양치질 잘하기 & 사랑해 하고 서로 안아주기

4. 이후 이달 가족행사

27일 – 교사대회 참석

28일 – 가족 등반하기(뒷산)

30일 – 경아 체육대회

31일 – 지방선거일

5. 이번 회의 평가

재연이가 회장으로 선출되고 난 후 가족들이 모두 참여하고 의견을 발표해줘서 즐겁고 신나는 가족회의가 이루어졌습니다.

제 1회 가족회의 2006.6.25일

회장 : 아빠(전승호) 서기 : 전민경 참석자 : 아빠, 엄마, 오빠, 나

1.지난 주 안건 평가

안 했음.

2.이번 주 안건 선정

1) 방청소를 하자(1)

2) 시험을 잘보도록하자 (2)

3) 전기를 아껴 쓰자(1)

4)기타

3. 이번 주 안건 결정

2. 시험을 잘 보도록 하자

4. 이후 이달 가족행사

기말고사

5.이번 회의 평가

잘 지켜질지 모르겠지만 계획이라도 정해놓고 잘 지킬수 있으면 좋겠다.

가족, 그 아름다운 이름을 위하여

함께 살면서 지켜야 할 약속

생각열기

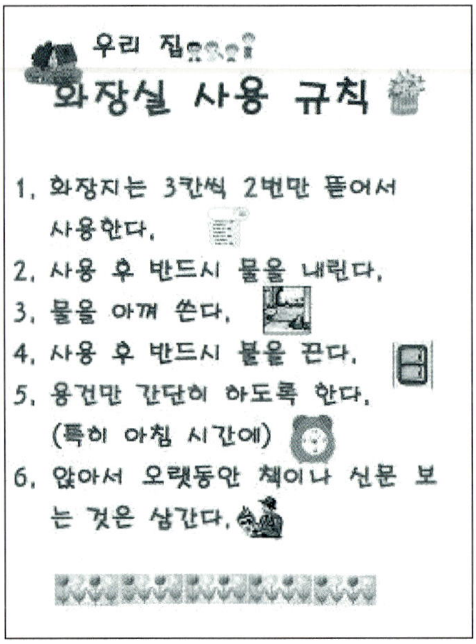

우리 집

화장실 사용 규칙

1. 화장지는 3칸씩 2번만 뜯어서 사용한다.
2. 사용 후 반드시 물을 내린다.
3. 물을 아껴 쓴다.
4. 사용 후 반드시 불을 끈다.
5. 용건만 간단히 하도록 한다. (특히 아침 시간에)
6. 앉아서 오랫동안 책이나 신문 보는 것은 삼간다.

(지선이네 화장실 문에서)

'가족도 규칙이 있어야 한다고요? 가족이 무슨 규칙이 필요하지? 규칙이라면 학교에서의 교칙도 지긋지긋한데.....' 라고 생각하기 쉽다.

평소 이래서는 안 되겠다 생각하면서도 생활습관을 바꾸는 것은 쉽지 않다. 생각과 실천은 전혀 다르며, 새로운 생각을 실천에 옮긴다는 것은 행동을 바꾸는 것이고, 행동을 바꾸는 것은 습관을 바꾸는 것이며, 습관을 바꿈으로써 인생이 바뀔 수도 있다.

규칙을 정하는 목적은 규제를 위한 것이 아니라 협력하기 위한 것이다. 가족 모두 참여하여 결정하고, 문서로 작성된 규칙은 책임감을 기르며, 협조적인 태도를 기르는 데 유용하다. 매일 함께 사는 가족들 간에도 아주 사소한 일일지라도 규칙을 지키지 않았을 때 질서가 깨지고, 서로 다툼이 발생하기도 한다.

가족간의 규칙이란 함께 살면서 지켜야 할 약속으로 개인이 가족과 사회의 일원임을 배우고, 다른 사람을 존중하는 방법을 배움으로써 책임감 있고 건전한 생활 자세를 길러 가정 내의 분열과 갈등을 최소화하며, 더불어 사는 공동체 의식을 가질 수 있도록 하기 위해 필요한 것이다.

해보기 다음 사례를 읽고 함께 생각해 보자

고등학생인 원준이는 자신의 미니 홈피를 운영하며 온라인 게임을 즐기는 컴퓨터광이다. 언제나 컴퓨터를 사용하는 시간이 부족하다고 느낀다. 왜나면 중학생인 동생도 컴퓨터를 좋아하기 때문이다. 한번 컴퓨터를 차지하면 비켜 주지 않으며 서로 간에 미묘한 신경전을 벌인다. 형제간에 컴퓨터를 가지고 다투는 일은 매일의 일상이 되었다.

직장 여성인 원준이엄마는 이 집 남자들에게 불만이 매우 많다. 양말과 옷을 세탁기에 넣어 달라고 해도, 사용한 물건을 제자리에 놓아 달라고 해도, 화장실 변기 커버를 올린 후 소변을 보라고 해도, 언제 오는지 전화를 해달라고 해도, 항상 같은 잔소리를 반복해도 언제나 그대로 이다. 시간은 부족한데… 계속 반복되는 자잘한 일들에 엄마는 지친다.

원준이는 사춘기 아들의 방에 노크도 없이 불쑥 불쑥 들어오는 엄마가 불만이다. "노크 좀 해 주세요"하고 말하면, 엄마는 방으로 들어온 후에 '음음' 하고 인기척을 한다. 정말 불만이다.

▷ 원준이 가족의 사례에서 규칙이 필요한 부분은 어떤 것이 있나요?

▷ 규칙을 정하면 원준이 가족에게 어떤 점이 좋을까요?

▷ 원준이 가족을 위한 규칙을 한 번 만들어 봅시다.

우리 가족의 규칙 만들기

▷ 우리 집에서 가족 규칙이 필요한 부분에는 어떤 것이 있나요?

▷ 우리 집의 가족 규칙을 만들어 봅시다.

우리 집 가족 규칙 (기 간 : 년 월 일 ~ 년 월 일)

1.

2.

3.

4.

5.

규칙을 지키는 구호 한 마디 :

가족 서명:

– 가족 규칙의 예

- 물건은 사용 후 반드시 제자리에 가져다 놓는다.
- 외출 시는 반드시 소재를 밝힌다.
- 가족이나 손님이 오셨을 때는 반드시 나와서 인사를 한다.
- 하루 한 끼는 반드시 가족과 함께 먹는다.
- 매달 마지막 토요일 오후에는 독거노인을 방문한다.
- 한 달에 한 번은 가족 등산을 한다.
- 화장지는 3칸씩만 사용한다.

가족 규칙은 어떻게 정할까요?

가족 간의 규칙은 함께 사는 사람들 간의 약속의 하나로 충분한 협의와 민주적인 의사 결정을 통해 이루어져야 하며,

하나, 그 내용이 구체적이어야 한다.

예) 컴퓨터를 조금만 한다(x). 컴퓨터를 하루 한 시간만 한다(o).

둘, 가능한 한 긍정적 언어를 사용해야 한다.

예) 가족끼리 싸우지 않는다(x). 사이좋게 지낸다(o).

셋, 좋은 품성을 개발하고 잘못된 행동을 고치는 것이어야 한다.

예) 남에게 지지 마라(x). 일찍 일어나는 습관을 갖는다(o).

넷, 남을 배려하는 마음과 다른 사람에 대한 선의의 감정을 갖게 하는 것이어야 한다.

예) OO와 놀지 마라(x). 어려운 친구는 도와줘라(o).

규칙을 잘 실천하기 위해 규칙을 만들어 눈에 잘 띄는 곳에 붙이고, 실천하고 나서 가족회의를 통해 이를 평가하도록 한다.

규칙을 세우기 전에는 탄력적인 태도를 가져야 하지만, 일단 규칙을 위반하면 반드시 엄격해야 한다.

가족간의 약속

얼마 전 귀가 시간을 지키지 않아 어머니에게는 심하게 꾸지람을 듣고, 아버지로부터는 생전 처음으로 매까지 맞았다.

외출할 때마다 늘 "약속한 시간까지는 반드시 들어와야 한다."고 말씀하셨는데, 지금껏 자주 위반을 했던 것이다.

지난 겨울방학이 막 시작하던 날에는 마침 그날이 친구 생일이어서 영화도 보고 노래방도 가고 놀다 보니 어느덧 9시가 넘어 있었다. 7시까지 들어가겠다고 약속을 했는데, '부모님이 기다리실텐데…' 하고 마음속으로 걱정하면서도 친구들과 놀다 보니 그렇게 되었다. 다음부터는 시간 약속을 잘 지키기로 하고 이해해 주셨다.

그런데, 며칠 전 드디어 사건이 터진 것이다. 시험 전날 독서실에서 공부하다가 11시까지 집에 가겠다고 약속했는데, 공부가 잘 되길래 친구랑 조금만 더 하고 가야지 하다 보니 새벽 1시가 되어 있었다. 부랴부랴 가방을 챙겨 집에 갔는데, 걱정하시던 부모님께서 직접 독서실까지 찾아오셨다. 잠깐 길이 엇갈려 아버지는 내가 거짓말을 했다고 생각하자 몹시 화가 나셨던 것이다.

현관에 들어서는 순간 내 이야기는 들어보지도 않고 매부터 드시는 아버지. 나는 피할 겨를도 없이 갑자기 매를 맞고 울면서 내 방에 들어갔다. 평소와 다르게 화를 내시는 아버지 모습을 보니 무섭기도 했지만 너무 억울한 나머지 아버지가 미웠다.

나는 한참 동안 크게 소리내어 울었다. 울음이 멈출 때쯤 아버지가 부르셨다. 처음부터 끝까지 내 이야기를 다 들으시고, 아버지가 성급했다며 미안하다고 하셨다. 밤길이 무서워 내가 봉변이라도 당할까봐 그러셨다고 하셨다. 나 역시 부모님 마음을 잘 알고 있었지만 가족간의 약속을 대수롭지 않게 생각하고, 그렇게 행동했던 것이다. 이제서야 가족끼리의 아주 작은 약속이라도 소중하게 생각하지 않으면 안된다는 걸 느꼈다.

그 일이 없었다면 난 여전히 가족간의 약속은 대수롭지 않게 생각했을 것이다.

"그 때 아버지 마음 이해해요. 앞으로는 약속을 잘 지키는 예쁜 딸이 되도록 노력할게요. 엄마, 아빠, 사랑해요."

(옥과중학교 3학년 학생)

행복한 가족을 위한 경제 이야기

우리 집 살림살이 알아보기

"부자 되세요"라는 말이 새해인사가 될 정도로 돈은 우리 사회에 중요한 무게를 차지한다. 이 책을 만들기 위해 설문조사를 했을 때 그 내용 중 부모에게 가장 듣고 싶은 말이 "용돈 줄게"였다. 그리고 우리 가족의 제일 큰 문제점으로 남녀학생 모두 경제적 어려움을 꼽았다.

행복한 가족과 돈은 매우 밀접한 것이 사실이지만 반드시 정비례하지는 않는 듯하다. 가족의 작은 수입으로도 마음 훈훈한 행복한 가족을 만들기도 하고 부자아빠, 부자엄마 밑에서도 불평불만 투성이 가족이 만들어지기도 한다. 우리는 어느 쪽을 원하는가? 우리 집의 경제를 솔직히 들춰보고 마음이 가난한 가족이 되지 않도록 지혜를 모아보자.

생각열기

우리 집 살림살이 알아보기

소위 고위층이라는 부자 가족이 있었다.

– 부자아빠 : 오늘 국산 골프채 들고 필드 나갔다가 완전히 망신당했어? 알아?

– 부자엄마 : 아무튼, 국산 자동차며 물건들은 못쓴다니까. 완전 불! 량! 품! 밖에 없으니.

TV를 조용히 보던 딸이 물었다 : – – ;; 엄마? 그럼 나도 불량품이야?

– 부자아빠, 부자엄마 : O.o; 헉!! o.O;

부모들은 대부분 자녀에게 살림살이에 대해 시시콜콜 이야기하는 것을 꺼린다. 그것은 돈이 우리에게 주는 이중적인 잣대 때문이 아닐까. 돈에 대해 이야기하는 것은 점잖지 못하다든가, 그런 것은 부모와 살면서 저절로 알게 되는 것이지 뭔가 교육이 필요한 부분은 아니라는 생각이 있을 수 있다.

우리 집 살림살이에 대한 교육은 가정에서 해야 할 가장 기본적인 교육이다. 왜냐하면 가정에서 살림살이에 대하여 배우지 못하면 어디서 이런 교육을 할 것인가? 청소년기는 돈을 소비하고 저축하는 방법에 대해 책임감을 배워야 할 시기이다. 따라서 가족 모두 우리 집 살림살이에 대해 알고, 적절한 예산을 세우고 실천하는 책임을 다해야 할 것이다.

우리 집 살림살이 규모

▷ 부모와 자녀가 함께 우리 집의 살림살이 규모에 대해 이야기해 본 적이 있나요?

▷ 우리 집의 한달 평균 수입을 알아봅시다.

▷ 우리 집의 한 달 지출을 알아봅시다.

1단계: 자녀가 먼저 기록한다. → 2단계: 부모가 기록한다. → 3단계: 함께 비교해본다.

우리 집 한 달 지출 비용	예상 지출금액 (자녀용)	실제 평균지출 금액 (부모용)
먹는 것과 관련된 비용		
입는 것과 관련된 비용		
통신과 관련된 비용		
교육과 관련된 비용		
여가 생활과 관련된 비용		
교통비		
공과금		
기타		

▷ 우리 집의 한 달 수입과 비교하여 지출은 적당한가요?

▷ 우리 가족의 지출 내용 중 함께 개선해야 할 것은 무엇입니까?

"가장 좋은 경제생활태도는 많이 버는 것을 고민하는 것이 아니라 적게 쓰면서 살아갈 수 있는 태도를 가지는 것입니다."

읽어보기

엄마는 경제 선생님

돈이란 모으는 것 못지않게 제대로 쓰는 게 중요합니다. 자라나는 아이들에게 돈의 중요성과 함께 올바른 사용법을 일깨워주는 건 부모로서 당연히 해야 할 의무이기도 하지요. 평소 가정에서 실생활과 관련된 구체적인 사례를 통해 경제교육을 할 수 있다면 그 효과도 배가 될 겁니다. 그런 의미에서 11월 11일 '빼빼로 데이'는 경제교육하기엔 좋은 날이지요. 만약 자녀가 빼빼로 과자를 산다고 일주일 용돈을 몽땅 써버렸다면 어떻게 할 건가요?

혹 이런 날을 위해서는 일주일 용돈쯤이야 쓸 수 있다고 생각하는 것은 아니겠죠. 그것도 부족해 부모가 앞장서 반 전체 분량의 과자를 사서 등교하는 아이에게 안겨주는 모습은 바람직하지 않은 행동입니다. 1년 전체 매출의 70%를 11월에 올리고 있는 과자회사의 마케팅에 자녀의 용돈이 축날 수 있다는 사실을 설명해 줄 필요가 있어요.

물론 재미로 한두 개 정도의 과자를 사서 나누어 먹는 게 나쁘다는 말은 아닙니다. 하지만 우리가 알고 있는 'OO 데이'가 도대체 어디에서 유래했으며, 무엇 때문에 그날을 기념해야 하는지도 모르면서 그냥 친구들이 하니까 무턱대고 따라 하는 건 생각해 볼 문제입니다.

우선 자녀에게 빼빼로 데이가 어떻게 생겼으며, 왜 이 날을 기념해야 하는지 물어보세요. 아마 대부분 정확한 대답을 하지 못할 것입니다. 더 나아가 빼빼로 데이나 밸런타인 데이, 화이트 데이로 가장 이익을 보는 곳이 어디인지 질문해 보세요. 대부분이 과자나 초콜릿을 만들어 파는 회사라고 답할 겁니다.

이 때 가까운 일본의 예를 드는 것도 좋은 방법입니다. 일본에서도 1999년 빼빼로 비슷한 과자 '포키'를 만드는 '글리코'란 회사가 한국의 빼빼로 데이를 모방한 판촉행사를 벌여 화제가 되기도 했지요. 현재 일본 왕의 연호인 '헤이세이 11년'을 맞아 11월 11일 '포키와 프레츠의 날'로 정해 다양한 경품 행사를 곁들여 '포키' 팔기에 열을 올리기도 했습니다.

만약 이런 상술에 현혹돼 용돈을 다 써버린 다음 후회한다고 해도 그것으로도 오늘의 교육적 효과는 충분합니다. 내친김에 자녀에게 돈을 제대로 쓰기 위해선 분명하고 정확한 이유가 있어야 한다는 사실을 다시 한 번 강조해 주세요.

[출처 : 중앙일보, 2004년 11월 10일]

행복한 가족을 위한 경제 이야기

나의 쓺쓺이 살펴보기

경제학과 3학년인 S씨는 군인 아버지에게 엄한 교육을 받고 자랐다. 지방에서 고등학교를 다닐 때까지는 전혀 문제가 없었지만 '잘못된 이사'로 인해 문제가 시작됐다.

서울에서도 가장 소득이 높은 강남으로 이사를 했으며, 어울린 친구들도 돈을 펑펑 쓰는 부류에 속했다. 대학에 들어가자 친구들과의 소비 수준은 더욱 차이가 났다. S씨는 외국 브랜드 옷에 고급차를 몰고 다니는 친구들을 보며 자신을 초라하게 여기게 되었다.

그는 친구 집에 놀러가서 친구 어머니의 신용카드를 훔쳤고, 여자친구의 집을 털었으며 병원을 털려고 했다. 뒤늦게 '부끄럽다'고 후회했지만 때는 너무 늦어버렸다. 결국 자신의 수준에 맞지 않는 소비를 하다가 인생을 망쳤다.

[출처 : 이나연. 『부자 가족의 경제 교과서』 부모편]

"개같이 벌어 정승같이 쓴다."라는 우리나라 속담이 있다. 올바르게 돈을 버는 일만큼 현명하게 돈을 쓰는 일은 참으로 중요하고 어렵다. 요즘 신용불량자가 된 사람들이 300만 명을 넘었다고 하며, 이 중에 10대와 20대의 청소년들도 상당수 포함되어 있다고 한다. 유명 연예인, 프로 운동선수들, 로또 복권 당첨자들 중에서 한꺼번에 많은 돈을 벌었다가 곧 무일푼이 된 사람들도 많이 본다.

무조건 돈이 많다고 행복한 것은 아니다. 벤저민 프랭클린은 덕의 기술에서 올바르게 번 돈은 은혜일 수 있지만, 그 반대는 재앙이라고 하면서 부 자체보다는 부를 축적하고 사용하는 과정이 더욱 중요하다고 했다. 동화 속 스크루지 영감을 떠올려 보면 쉽게 알 수 있을 것이다. 돈을 얼마나 많이 가졌는가보다는 지금 가지고 있는 돈을 어떻게 관리할 것인가가 더 중요하다.

우리는 가족이나 친구의 돈에 대한 태도나 지출 습관들이 잘못되었다고 쉽게 평가하지만, 자신의 경우에도 그렇게 스스로 평가하는 사람들은 드물다. 나의 씀씀이 습관 바로 보기는 돈에 대한 지혜의 싹을 틔울 수 있다. 지금은 부모님이 주시는 용돈이 자신의 수입의 전부이지만, 돈을 다스리는 법을 통해 돈에 대한 최소한의 훈련이 필요한 시기 역시 청소년기이다.

해보기

돈에 대한 태도

다음 글을 읽고 그렇다고 생각하면 '그렇다'에 그렇지 않다고 생각하면 '아니다'에 V표 하세요.

	그렇다	아니다
분명하고 구체적인 돈 관리 목표를 아직 세울 때가 아니다.	○	○
예산을 세워두면 돈을 지출할 때 불편할 수 있다.	○	○
돈이면 거의 모든 문제를 해결할 수 있다.	○	○
돈이 많은 사람을 보면, 나는 부족한 사람이란 생각이 든다.	○	○
돈이 적은 사람을 보면, 나는 더 중요한 사람이란 생각이 든다.	○	○
다른 사람에게 호감을 주기 위해서는 뭔가를 사 주는 것이 필요하다.	○	○
돈을 지출해야 할지, 말아야 할지 결정하는 일이 어렵다.	○	○
꼭 필요한 것이라면 돈을 빌려서 사는 것도 괜찮다.	○	○
지금은 돈이 없지만, 곧 벌게 된다면 먼저 빌려서 쓸 수도 있다.	○	○
돈은 내가 걱정할 문제가 아니다.	○	○

* 위 표에서 '아니다'에 V표가 많을수록 돈에 대한 태도가 건전합니다.

"돈은 우리가 원하는 생활을 하게끔 도와주지만 끊임없는 걱정과 근심의 원인이 되기도 합니다."

해보기

바람직한 쓺쓺이

다음의 글을 읽고 해당하는 곳에 ○표 하세요

(전혀 그렇지 않으면 1, 가끔 2, 대체로 3, 자주 4, 아주 그러면 5)

나는 돈을 현명하게 쓰려고 노력한다.	1	2	3	4	5
나는 충동구매를 하지 않으려고 노력한다.	1	2	3	4	5
나는 용돈을 받으면 계획을 세워 지출한다.	1	2	3	4	5
나는 용돈기입장을 꼼꼼히 기록한다.	1	2	3	4	5
나는 우리집의 한 달 생활비를 알고 무리한 요구를 하지 않는다.	1	2	3	4	5
나는 용돈을 받으면 적은 돈이라도 저축한다.	1	2	3	4	5
나는 물건을 살 때 필요한 목록을 미리 작성한다.	1	2	3	4	5
나는 마음에 드는 물건이 있어도 꼭 필요하지 않으면 사지 않는다.	1	2	3	4	5
나는 중고 물품 교환 시장을 잘 이용한다.	1	2	3	4	5
나는 물건을 살 때 가능한 많은 정보를 수집하여 비교, 검토한다.	1	2	3	4	5
나는 품질이 좋은 물건을 싸게 파는 곳을 찾아 이용한다.	1	2	3	4	5
나는 물건을 살 때 품질인증표시(Q마크 등)를 반드시 확인한다.	1	2	3	4	5
나는 식품을 살 때 원산지와 식품첨가물 표시 등을 확인한다.	1	2	3	4	5
나는 식품을 구입할 때 제조일자, 유통기한을 확인한다.	1	2	3	4	5
나는 의복계획표를 작성한다.	1	2	3	4	5
나는 옷을 구입할 때 제품 소재, 세탁표시를 확인한다.	1	2	3	4	5
나는 물건의 사용 설명서나 품질 보증서를 꼼꼼하게 읽는다.	1	2	3	4	5
나는 값싼 물건을 쓰는 사람을 무시하지 않는다.	1	2	3	4	5
나는 유행이라고 해서 무조건 따르지 않는다.	1	2	3	4	5
나는 물건을 살 때 상표보다 품질을 중시한다.	1	2	3	4	5
나는 광고를 그대로 믿지 않고 여러 면에서 상품을 비교, 분석한다.	1	2	3	4	5
값이 조금 비싸도 환경을 덜 오염시키는 물건을 구입하려고 한다.	1	2	3	4	5
나는 불량품을 사면 당당하게 교환할 수 있다.	1	2	3	4	5
물건을 사고 돈을 덜 받았을 때 판매원에게 말해 정확하게 돌려받는다.	1	2	3	4	5
물건을 사고 돈을 더 받았을 때 판매원에게 말하고 돌려준다.	1	2	3	4	5
나의 바른 소비 습관이 우리 경제의 원동력이 되리라고 믿는다.	1	2	3	4	5

* (합친 점수가 높을수록 현명한 지출을 하고 있는 것입니다.)

[출처 : 한국소비자보호원]

▷ 자신의 지출 통제 능력이 부족하다고 생각하면, 다음 내용을 큰소리로 읽어봅시다.

- 지출 계획을 세웁시다. 하잘 것 없는 것에 돈을 안 쓰게 할 수 있습니다.
- 쇼핑하는 날을 미리 정하여 그날만 쇼핑합시다.
- 쇼핑 목록을 미리 만들고, 그 목록에 있는 것만 삽시다.
- 쇼핑 목록에 있는 것을 살 수 있는 돈만 가지고 나갑시다.
- 혼자 쇼핑을 하거나 쇼핑을 부추기는 친구랑 같이 쇼핑하는 것을 피합시다.
- 마음에 드는 것이 여러 개 있어 골라야 할 때는 꼭 하나만 사는 훈련을 합시다.
- 영수증을 보관하여 마음에 안 드는 것이나 충동적으로 산 것은 바로 환불합시다.
- 산 물건은 꼭 가족이나 친구에게 보여줍시다.
- 내가 충족하고자 하는 것이 무엇인지 스스로에게 질문해 봅시다.
  내가 사려고 하는 물건이 아닐 수 있습니다.
- 돈을 안 쓰고 다른 방법으로 충족될 수는 없는 것인지 되물어 봅시다.

* 톱니효과 : 한번 소비를 늘린 사람은 과거 소비 수준의 영향으로 인해 소득이 감소해도 그만큼 충분히 소비를 줄이지 못하게 된다. (듀센베리)

아름다운 재단, 용돈기입장에 '기부' 항목 포함

"나는 들어온 돈 중 (　　　)%를 나눔을 위해 쓰겠어요."

아름다운 재단이 어린이들에게 즐겁게 나눔을 가르치고, 건강한 경제습관을 길러 주기 위해 '나눔 다이어리'를 펴냈다. 나눔의 개념과 방법 등을 어린이들의 눈높이에서 친절하게 설명해 놓은 것이 특징이다. 어린이용 '나눔 가이드북'이라고 해도 손색이 없다.

나누는 사람들의 따뜻한 이야기, 나눔을 경험한 다른 어린이들의 생각 등 읽을거리가 많이 담겨있어, 아이들이 쉽게 나눔과 친해질 수 있도록 했다. 또 균형 잡힌 경제습관을 바탕으로 계획을 세워 꾸준히 나눔을 실천하고 자신의 삶을 돌아볼 수 있도록 용돈 기입장 기능과 일기장 기능을 포함시켰다. 다른 용돈 기입장과는 달리, 지출 항목에 '나눔을 위해 쓴 돈'이라는 항목을 넣어 용돈이 생기면 항상 나눔을 떠올릴 수 있도록 했다.

나눔 다이어리를 기획한 아름다운 재단 이경현 팀장은 "기존의 많은 용돈 기입장은 지출란이 저축과 소비, 두 항목으로만 나누어져 있고 '기부'(나눔) 항목이 빠져 있는데, 이럴 경우 기부와 나눔에 대한 생각 자체를 자라지 못하게 할 수도 있다"고 지적했다.

그는 또 "선진국에서는 집에서 아이들에게 용돈 관리를 가르칠 때, 지출 항목을 저축(세이빙), 기부(오퍼링), 소비(스펜딩)으로 구분하는 'SOS시스템'을 가르침으로써, 나눔도 용돈 사용의 중요한 부분임을 자연스럽게 깨닫도록 한다."고 말했다.

[출처 : 한겨레신문, 2004년 8월 2일]

행복한 가족을 위한 경제 이야기

가족간의 소비욕구 조정하기

생각열기

ⓒ 이다솜(아양중학교)

새로운 상품과 서비스가 매일매일 쏟아지고 있다. 상품과 서비스의 종류도 다양해지고, 새로운 상품과 서비스가 나오는 기간도 짧아지고 있다. TV, 신문, 영상 매체, 웹, 지하철 안, 심지어 버스에 붙어 있는 광고마저 소비를 부추기는 사회 속에 살고 있는 것이다. 어른, 아이, 남자, 여자 모두 소비를 부추기는 사회 속에서 결코 자유롭지 못하다.

가족은 가족 구성원의 욕구 충족을 위해 많은 물품과 서비스를 소비하며 생활이 이루어지는 곳 있다. 그러나 넓은 집, 신형 핸드폰, Mp3, 컴퓨터, 예쁜 옷, 분위기 있는 곳에서의 식사, 멋진 선물, 좋은 차, 훌륭한 교육 서비스 등… 한정된 벌이로 모든 가족 구성원의 욕구를 충족시키기는 쉽지 않다.

소비사회에서 나와 가족이 뭘 원하는지, 그게 단지 갖고 싶은 것인지(wants), 꼭 필요한 것인지(needs)를 구분하는 태도가 필요하다. 이런 과정을 거치면서 자신의 욕구뿐 아니라 가족의 욕구를 알고 조정하는 능력을 가질 수 있다. 가족 구성원의 욕구가 부딪치는 속에서 그것을 조정하고, 구입하지 않고도 해결할 수 있는 방법을 찾아보고, 구입을 해야 할 경우 그것을 마련하는 방안과 만족스런 소비가 될 수 있도록 하는 자세를 길러 보자.

이 과정을 통해서 씀씀이에 대한 욕구 조절, 조정과 합의로 의사 결정의 민주적 절차를 몸에 익혀, 가족공동체 의식을 느끼도록 하자.

해보기

꼭 필요한 것(needs)과 단지 갖고 싶은 것(wants)을 구분해 보기

▷ 각 가족 구성원별로 우선 마련해야 하는 것을 5가지 정도 적어봅시다.
(마인드맵으로 해 보세요)

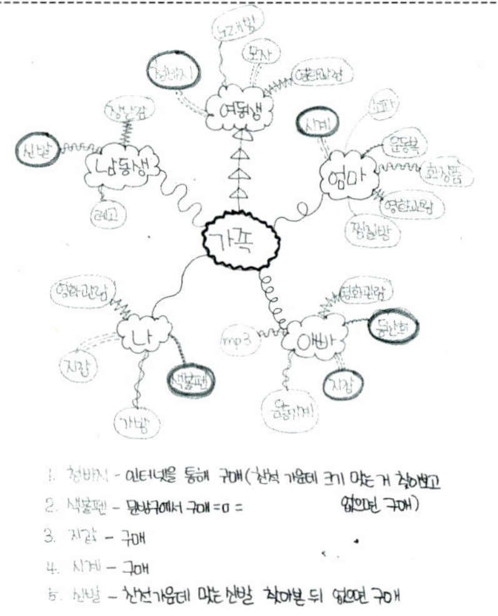

▷ 각 항목에 대해 꼭 필요한 것(needs)인지 아니면 그냥 갖고 싶은 것(wants)' 인지 구분하여 봅시다.
(활용: 색깔이 다른 두 종류의 스티커를 준비한다. 하나에는 'need', 다른 하나에는 'want' 라고 쓴다. 거실과 방에 있는 물건이나 자신의 물건 중에 'need' 와 'want' 를 구분해 스티커를 붙인다.)

▷ 구입해야 할 목록을 보고, 기준을 세워 우선순위를 정해봅시다.

예) 꼭 필요한 것(needs)과 단지 갖고 싶은 것(wants) 목록

가족원	상품의 종류	꼭 필요한 것	단지 갖고 싶은 것	예상 구매가격	우선순위 정하기	비 고
나	카메라 폰		V	500,000원		D인터넷쇼핑몰
아빠	서류가방	V		30,000원		시장 안 가방가게

* 꼭 필요한 것(needs)과 단지 원하는 것(wants)을 잘 구분하여 소비하는지 자신을 반성해 봅시다.

지속가능한 소비: 세대간의 소비욕구 조율하기

지속가능한 소비란 무엇인가?

지속가능한 소비는 미래세대의 요구와 능력을 손상시키지 않는 방법으로 상품을 이용하는 것이다. 이는 생산과정에서 에너지가 거의 필요하지 않고 유독성 물질을 사용하지 않으며 오염물질을 거의 내뿜지 않는 상품에 대한 요구를 높이는 것을 의미한다. 또한 인간의 안녕을 보장하는 동시에 환경에 대한 악영향을 최소화하는 방법으로 물, 종이, 기름, 가스 같은 자원을 이용하고, 처분하고, 변형시키는 것을 포함하기도 한다.

지속가능한 소비가 왜 필요한가?

30세기에 접어들 때 과학과 기술, 의학, 통신 등 인간이 애쓰고 있는 많은 분야에서 굉장한 진전이 있을 것이다. 하지만, 환경의 보존을 위해서는 조치가 거의 취해지지 않으며 인류사회의 개발은 인간을 희생하여 이루게 된다. 최근의 소비 패턴은 지속가능하지 않다. 지구 자원의 과소비는 많은 환경문제를 일으킨다. 우리는 자원이 다시 만들어지거나 대체될 기회도 주지 않은 채 지구의 자원을 취하기만 한다. 과소비가 환경에 미치는 영향은 숲, 물, 토지 등 재생 가능한 자원의 잘못된 관리뿐만 아니라 금속이나 화석연료 같은 재생 불가한 자원의 고갈도 포함한다. 총 에너지 소비량은 증가하고 있으며, 훨씬 더 많은 고체 폐기물이 발생하고 있다. 우리가 나무를 연료, 종이, 가구 등으로 소비하기 때문에 매년 그리스 규모의 숲을 잃게 될 것으로 판단된다. 오존을 파괴하는 물질인 CFCs(일명 프레온 가스)를 함유하고 있는 물품이나 생산품의 사용은 오늘날도 계속되고 있다. 자동차나 공장이 배출한 이산화탄소는 대기 중에 갇혀서 지구온난화에 가세하는데, 이는 가뭄, 홍수, 열대성 저기압, 지진의 발생빈도를 증가시킨다. 이산화탄소와 그밖의 온실 가스는 2100년까지 지구 기온을 평균 2℃ 증가시킬 것으로 보여진다. 좀 더 많고 좋은 식량에 대한 우리의 지속적인 요구는 더 높고 개선된 생산량을 위해 농업에서의 지속적인 화학물질 사용을 부추길 것이며, 토양 속의 독성물질을 증가시킬 것이다. 이런 물질은 결국 식량과 물을 통해 소비자의 몸 안으로 유입된다. 급속한 도시화는 자체적으로 문제를 야기시킨다. 현재 세계 인구의 거의 절반이 도시 지역에 살고 있다. 소음과 대기오염, 깨끗한 물 공급의 부족과 낙후된 위생시설은 일부 문제에 지나지 않는다. 현 소비 패턴이 지속된다면, 2025년에는 지구상의 세 사람 중 둘이 물 부족 상태에 처하게 될 것이다. 우리 자신과 다음 세대를 위해서 환경을 보호하기 위해 지속가능한 소비를 실천할 필요가 있다. 소비 그 자체가 해로운 것은 아니다. 우리는 살기 위해 식량과 물을 소비하며 거주지를 소유할 필요가 있다. 모든 사람은 소비의 필요와 권리를 가지고 있다. 하지만 소비는 책임질 수 있는 방법으로 행해져야 한다. 우리는 지구 자원이 저절로 보충될 기회를 줘야 하며 다른 세대도 자원이 필요하다는 것을 깨달아야 한다. 모하메드 간디가 "지구 자원은 모두의 필요를 채울 수는 있지만 욕심을 채워줄 수는 없다."라고 말했다. 우리는 지구 대부분의 자원이 한정되어 있다는 것을 명심하고 감사하는 마음으로 자원을 신중하게 사용해야 한다.

어떻게 해야 지속가능하게 살 수 있는가?

여러분이 선과 악을 구분할 수 있는 것처럼, 여러분은 지속가능한 소비와 과소비의 차이를 알 필요가 있다. 현대 기술이 문명에 가져온 많은 이익을 거부하지 않고서도 지속가능한 소비를 이룰 수 있다. 그러나 새로운 윤리, 새로운 생활방식, 태도와 관행의 근본적인 변화가 우리 개개인에게 요구된다. 다음과 같이 함으로써 지속가능한 소비를 실천하고 지속가능하게 살 수 있다.

- 구입하는 모든 상품을 분석하고 스스로에게 질문하라.
- 내가 이 상품을 정말 살 필요가 있나?
- 누가 어떻게 만들었나?
- 내가 선택한 조건과 같은 조건에서 생산되었나?
- 천연자원이 이용되었나?
- 가능한 적은 포장을 요구하라.
- 기업에 좀 더 지속가능한 상품과 정책을 요구하라.
- 소비자의 힘을 이용하라.

R을 실행하라.

줄이기(reduce), 재사용(reuse), 고쳐쓰기(repair), 재활용(recycle). 물과 에너지를 신중하게 사용하라.

- 양치질을 하는 동안에는 수도꼭지를 잠그고, 목욕 대신에 샤워를 하며, 전기제품을 사용 하지 않을 때에는 꺼 두어라.
- 태양 에너지나 풍력 에너지를 사용해보라.
- 양이 아니라 질로 소비하라.
- 더 많이 소유하려고 하기보다는 좀 적은 양으로 좀 더 나은 삶을 살도록 노력하라.
- 가능할 때마다 종이 쓰레기를 재활용하고 이미 사용된 종이의 뒷면을 활용하라.
- 모든 음식물 쓰레기를 퇴비로 만들어라.
- 소비문제에 대한 정보를 보급하고 사람들을 교육시켜라.
- 지속가능한 소비에 관한 워크샵, 그룹토론, 영화를 계획하라. 이야기를 나누고 가장 잘 실천된 사례를 공유함으로써 지속가능한 소비를 촉구하라.
- 지속가능한 생활의 본보기를 세우고 다른 사람들이 그것을 따르게 하라.

[출처 : http://www.gcn.or.kr]

지속가능한 소비' 이념은 앞으로 지속가능한 개발' 이념과 함께 지구환경시대를 이끌고 나갈 또 하나의 중요한 개념이라고 생각한다. 후자가 성장과 개발전략의 변화를 통해 지구환경문제를 해결하려는 시도라고 한다면, 전자는 개인의 소비행동과 라이프스타일의 변화를 통해서 지구환경문제를 해결하려는 시도로 볼 수 있다. 물론 양쪽 모두가 기본적으로는 동질적인 내용을 다루고 있으며, 결국에는 이들의 상호보완적 성격 때문에 하나의 통합운동으로 발전해 갈 가능성도 매우 크다.

그렇지만, 지속가능한 소비는 '환경에 적합한', '지구에 적합한' 혹은 '인간에 적합한' 개인의 라이프스타일이나 소비 패턴을 소비자 스스로가 주체적으로 선택하고 실천하는 것을 목표로 한다는 점에서 더욱 높은 의미를 갖는다. 이런 측면에서 앞으로 이 지속가능한 소비가 시장에서 중심적인 소비조류를 구성한다고 할 때 이로부터 엄청난 지각변동이 초래될 것이라는 점을 충분히 예상해 볼 수 있다.

이상과 같이 살펴본 바에 따라, 앞으로의 생활가치관의 변화추이를 살펴보면 다음의 표와 같다

생활가치관의 변화추이

지금까지		앞으로
Post-Modern	→	Neo-Modern
차이 · 차별	→	평등 · 공감
Younger	→	Family
도시중심	→	도시주변
소비자	→	생활자
과 시	→	겸 양
감 성	→	이성(지성)
유행 · 변화	→	연속 · 안정
쓰고 버림	→	계속 지님
흥미 · 화려	→	성실 · 담백
패션 · 디자인	→	품 질
무절제한 생산	→	지속가능한 소비

[출처 : http://chonhyang.com]

읽어보기

청소년 휴대폰 낭비 심각

앵커 : 자녀들 성화에 휴대전화 요금 대랴, 최신형으로 바꾸어 주랴, 허리가 휠 지경이라는 분들 많으실 겁니다. 청소년들이 휴대폰에 의존하면 할수록 낭비도 심해지는 현실, 한승희 기자가 보도합니다.

기자 : 걸어 다니면서 문자를 보낼 수 있을 정도로 청소년들에게 익숙해진 휴대폰. 종류도 대부분 값비싼 신형입니다.

고등학생 : 이번에 바꿨는데요, 사진도 안 찍히고 디자인도 나쁘고 해서..

기자 : 청소년들은 평균 1년 4개월마다 한 번씩 바꾸는 것으로 조사됐습니다. 고장이나 분실 때문이라는 이유가 47%로 가장 많았지만, 새것이 갖고 싶어서라는 응답도 31%나 됐습니다.

중학생 : 자부심 같은 거 같아요. 자랑하고 싶고...

기자 : 통화 낭비는 더욱 심각해 꼭 필요한 통화만 한다는 청소년은 29%에 불과했습니다. 이렇게 무분별하게 휴대폰을 쓰다 보니 월 평균 요금은 4만 3천원에 이르고, 90%는 부모가 내주는 것으로 나타났습니다.

차정희/서울 옥수동 : 나는 이해가 안가. 아는 집 애는 50만원이나 나왔다는데, 엄마가 강제로 끊었다더라고....

기자 : 휴대폰 낭비는 심리적 의존도를 높여 절반에 가까운 청소년들이 "휴대폰이 없으면 불안하다"고 답했습니다.

고등학생 : 핸드폰이 없으면 혼자 있는 것 같아요. 이게 있으면 친구 같고…

기자 : 소비자보호원은 청소년의 용도에 맞게 휴대폰을 구입하고 쓸 수 있도록 부모와 청소년 모두에게 합리적인 교육이 필요하다고 강조했습니다.

[출처 : SBS TV 8시뉴스. 2004년 8월 10일 방영]

우리 가족 사랑하기

사랑 표현하기

가족 안에는 가족 구성원들이 마땅히 해야 하는 것, 그렇게 하도록 기대하는 행동들이 있다. 사랑하는 것과 사랑받는 것, 대부분의 사람들은 가족에게 사랑받고 사랑하는 것을 배운다. 가족의 사랑은 가족 구성원들에게 성장의 기회를 제공한다.

오늘날 가족이 사랑의 원천으로서 그 중요성을 회복하려면 우리 모두는 가족을 위해 시간 보험을 들어야 한다. "죽음을 맞이하는 사람들과 함께 기도를 드리는 일이 있는데, 죽음의 자리에 누워서 자신의 지나간 일생을 되돌아 볼 때, 더 많은 시간을 일하는 데 바쳤더라면 하고 생각하는 사람은 없다. 더 많은 시간을 가족들과 보냈더라면 좋았겠다고 대개의 사람들은 후회한다."라고 한 글을 읽은 적이 있다.

아버지도 바쁘고, 어머니도 바쁘고, 자녀도 바쁜 시대라지만, 가족과 함께 하는 시간은 세월이 지나면 다시 가질 수 없다. 가족과 함께 한 시간과 놀이들은 인생에서 가장 소중한 추억이 될 것이며 가족의 화목과 생명력을 가꾸는 거름이 될 것이다. 가정은 시간으로 쌓아올리는 성과 같다.

느낌으로서의 사랑은 행동으로서의 사랑에 비해 깨지기 쉽다. 간절한 가족을 사랑하는 마음만으로 모든 것이 해결되지는 않는다. 일상 속에서 놀이를 발견하고 몸으로 가족을 사랑하자. 가족사랑은 감정이 아닌 의지와 행동으로 가족이 함께 하는 '가족 문화'로 만들어야 한다.

가족 안에서 사랑연습은 "사랑이란 받는 사람에 대한 사랑을 주는 사람의 사랑으로 샘솟게 하는 것"임을 경험하게 하여 가족의 사랑이 자연스럽게 우리 이웃, 우리 사회로 확산될 것으로 믿는다.

오늘 남편의 발을, 아내의 발을, 아빠의 발을, 엄마의 발을, 누나의 발을, 언니의 발을, 동생의 발을 따뜻한 물에 담가 부드럽게 닦아 줄 수 있나요?

왕 초보 아빠!

여보!
당신이 힘들어할 때
도움이 되지 못해 미안해요.

여보! 부르튼 입술이 아물자
다시 그 옆이 부르트기 시작한 당신.

결혼 때는 사랑이 전부였는데
결혼 후 시아버지, 시어머니, 시누이,
친정아버지, 친정어머니, 직장 문제,
재정 문제, 상사 문제, 집 문제, 성격 차이…

왕 초보 엄마!

당신! 아무 것도 모르는 나를
이렇게 사랑해 주는군요

당신! 나의 발을 씻어주는 당신의
굽힌 머리는 내 무엇으로 보답해야 합니까?
저도 이렇게 하겠습니다.
당신이 내게 수고하며 낮아지는 그 모습으로

사랑은 맨 꼴찌지만
여전히 당신은 나를 사랑해 주는군요.

여보! 나는 사회가
내 손 안에 있는 줄 알았어요.
그런데 하는 것마다 주저해지고,
두려워지고 힘들어집니다.

그래도 집에 가면
당신에게 큰 소리만 칩니다.

여보! 그러나 어떨 땐
너무 힘없는 종이호랑이 같소.

그러나 오늘 당신의 발을 씻는 이 순간처럼
남은 인생 이렇게 섬기며 살겠습니다.

저도 당신의 모습 닮을게요.
우리 힘겹지만 같이 헤쳐 나가요.
태어날 2세를 위해 세파에는 초보지만
열심히 살아가요.

사랑하는 당신,
힘겨운 세상에서 승리하도록
제가 당신이 안식할 집에서
당신의 편안한 아내로서, 엄마로서,
늘 그 자리에 있겠습니다.

[출처 : 좋은 아버지가 되려는 사람들의 모임. http://goodab.com/doc21.html]

"믿음과 소망과 사랑은 이 세상 끝까지 영원하며 그 중에 제일은 사랑이라."

– 고린도전서 13장 –

가정에 사랑이 있나요?

한 아이가 부모님은 이혼을 하셨고 아빠랑 동생이랑 살았다. 평상시에는 지극히 정상적이지만 술만 드시면 알 수 없는 상태로 변해버리는 아빠 때문에 가끔씩 이집 저집을 떠돌며 지내는 아이가 며칠을 결석하고 학교에 나와서 하는 말이 "글쎄, 이제 술 취하면 저하고 아주 같이 마시재요. 아빠는 무슨 아빠" 하는 말에 단단히 야단치려던 나는 할 말을 잃었다.

부부들이 서로 돌보지 않는 가운데 지치고 메말라가는 아이들을 보며 다시 사랑하자고 외쳐보고 싶다. 다행히 우리의 삶은 늘 머물지 않고 변화하기 때문에 이 가정에도 사랑이 깃들기를 기원한다. 사랑은 서로에 대한 배려이고 관심이며 작은 실천이다.

수리수리 소원상자

가족 사이의 대화시간이나 내용이 마음의 피로나 갈등을 풀어주기에 부족한 경우가 종종 있다. 이러한 요소들이 쌓여 굳어지면 가족에게 어려움이 닥쳤을 때 같이 풀어나가기보다 오히려 서로를 힘들게 하고 어렵게 만든다. 난난하게 뭉쳐진 가족의 마음을 어떻게 녹일까? 이때 사랑의 수리수리 소원상자를 만들어 봅시다.

▷ 소원상자 만들기에 대해 가족이 뜻을 모은다.

▷ 빈 상자나 빈 그릇, 두꺼운 종이 등을 활용하고 가족의 특징을 표현하여 같이 꾸민다.

▷ 소원상자에 넣을 내용을 가족 각자 적는다.

▷ 누구에게 요구하는지 누구와 하고 싶은지를 적는다.

▷ 듣고 싶은 말, 내게 가장 필요한 것, 하고 싶지 않은 일, 가족 모두와 하고 싶은 일 등을 적는다. 단, 할 수 있는 내용을 담아야 한다.

▷ 개인 당 몇 개의 소원 쪽지를 넣을 것인지, 몇 개를 뽑을 것인지 의논한다.
예) 4인 가족이 5개의 쪽지를 넣기로 하면 소원 상자엔 20개의 쪽지가 모이게 된다.

▷ 뽑기 대장을 정해서 뽑기 행사를 한다.

▷ 뽑은 내용을 반드시 실행하기로 합의한다.

▷ 소원쪽지 실행의 약속을 지키지 못한 경우의 벌칙을 정해도 된다.

• 소원상자 만들기 사례
한솔이네 소원상자에 있었던 메모 중 '놀아줘요 소원' 들만 모았어요.
(남 9세, 여 13세, 남 15세, 여 40세, 남 45세)

• 오목 열 판하기
• 바둑 세 판하기
• 장기 다섯 판하기
• 비석치기(집안에서 아무거나 세워놓으면 가능)
• 딱지 접어서 치기(달력 접으면 백전백승) 1시간
• 같이 색종이 접기 30분
• 집에서 목욕 같이하기
• 같이 사우나 가기
• 찜질방에서 계란 먹으며 놀기
• 수수께끼 맞추면서 내기하기
• 보드게임 같이하기 다섯 판
• 카드 다섯 판 같이하기

- 이번 일요일에 산에 가기
- 일주일에 두 번 한 시간씩 저녁식사 후 산책하기
- 놀이동산 가기
- 컴퓨터 게임 같이하기 1시간
- 오락실 같이 가기 30분
- 내 친구들과 같이 있을 때 엄마 아빠가 맛있는 것 사주기
- 아이스크림 가게에서 같이 아이스크림 먹기
- 영화 한 번 같이 보기
- 만화가게 같이 가서 만화책 같이 보기
- 만화(무협지) 빌려서 밤늦게까지 같이 보기
- 떡볶이(어묵, 호떡, 만두, 튀김 등) 같이 먹으러 가기
- 내가 좋아하는 곳 같이 쇼핑하기
- 잠들 때 옆에서 얘기해주고 귀도 파주고 책 읽어주기
- 약속시간 만큼 게임하고 있을 땐 내버려두기

가족사랑 체크해 보기

우리 가족 대화 체크리스트를 가족의 상황에 맞게 만들어봅시다.

▷ 달력이나 체크리스트에 하트모양의 스티커로 실행 상황을 표시한다.

▷ 잘한 달은 잘했다고, 부족한 달은 더 잘하라고 간단한 이벤트를 한다.

▷ 체크 항목의 예

- 오늘 하루 아이들과 혹은 부부 사이에 10분 이상의 대화가 있었나요?
- 가족과 함께 지나간 사진이나 찍어 놓았던 비디오를 보면서 이런저런 얘기들을 나누었나요?
- 사소한 얘기라도 눈을 보면서 자주 이야기 했나요?
- 등을 두드려 주거나 엉덩이를 두드려 주면서, 머리를 부드럽게 천천히 쓰다듬어 주면서 사랑한다, 대견스럽다, 예쁘다, 보고 싶다, 보고 싶었다 라는 말들을 속삭여 주었나요?
- 하루의 끝 시간에 부부가 간단한 차나 가벼운 술 한 잔 나누면서 두란두란 이야기를 나누어 보았나요?

가족에게 힘이 되는 말 '문자'로 날려 봐요! 이모티콘과 함께라면 감동 2배

우리와 가까운 곳에 가족이 있기에 오히려 가족에 대한 사랑을 행동으로 표현하는 데 서툴며 굳이 말로 표현하지 않아도 내 마음을 다 알아 줄 거라 여긴다. 하지만 표현하지 않는 사랑은 치즈 없는 피자, 단팥 없는 붕어빵과 같다.

'아빠! 힘내세요. 내가 있잖아요.', '세상에서 가장 아름다운 이름은 어머니입니다.', '미안했다.' '사랑한다. 내 동생아' 등등 가족들에게 힘이 되는 말들을 아빠의 어깨가 쳐져 보일 때, 엄마에게 짜증을 부렸을 때, 형제간에 싸웠을 때, 가족에게 문자 메시지를 보내보자. 가족들은 유머와 재치가 넘치는 당신의 이모티콘 문자 메시지를 받는 그 순간 너무나 행복해 할 것이다.

가족 칭찬하기 : 표창장, 감사장, 자격증 전달하기

큰아이가 초등학교에 다닐 때의 일이다. 하루는 친구들을 집에 데리고 와서 신나게 놀았나보다. 잔뜩 어질러져 있는데도 너무 재미있어 배꼽을 쥐고 웃었던 기억이 난다. 바로 친구에게 주는 '술래잡기 놀이 자격증'이라는 것이었다. 아이들의 순수함으로 돌아갈 수 있다면 가정에 웃음이 끊일 날이 없으리라. 가끔씩 가족에게 감사의 마음을 내가 꾸민 표창장, 감사장, 자격증 등으로 표현해 보면 어떨까?

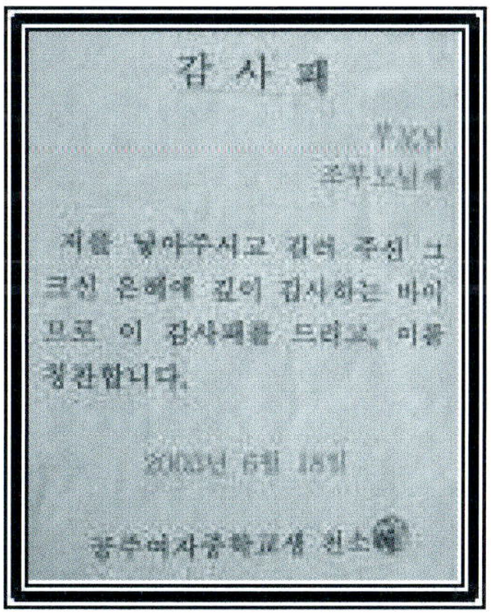

감사패

부모님
조부모님께

저를 낳아주시고 길러 주신 그 크신 은혜에 깊이 감사하는 바이므로 이 감사패를 드리고, 이를 칭찬합니다.

2003년 6월 18일

공주여자중학교생 전소영

(공주여자중학교 전소영)

해보기 가족에게 러브장 선물하기

"엄마! 우리반 아이들이 학년 마지막 날 돌린 롤링페이퍼예요. 아이들이 너무너무 고마워요". 일명 러브장. 요즈음 러브장은 좋아하는 친구나 연예인들에게 자신의 감정을 예쁘게 표현하여 선물로 주는 공책이라고 한다. 가족끼리 러브장을 교환하는 것도 재미있는 일이다.

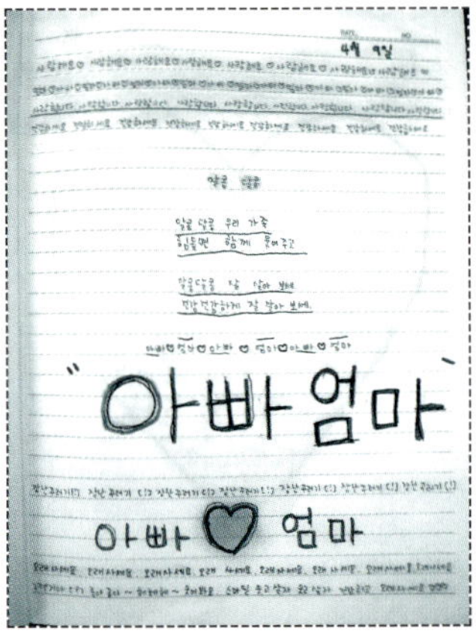

(안중중학교 1학년 2반)

♥ 5월 8일 어버이날, 부모님께 드리는 러브장을 만들어 선물한 안중중학교 1학년 2반 학생들의 사례

- 한상욱 : 엄마가 좋아하시고 나중에 내 아들에게 보여 준다고 하셨다. 부모님을 기쁘게 해드릴 수 있어서 좋았다.
- 정진욱 : 지금까지 키운 보람이 있다고 하고 자랑스럽고 대견하고 잘 했다고 했다. 그리고 엄마가 자랑해야겠다고 했다. 재미있었고 어머니와 아버지에게 잘못한 것도 많았고 나의 사랑을 러브장에 담아 보여드리니 기뻤다.
- 최우수 : 부모님이 고마워하며 안아주셨다. 한 달 동안 하는 것이 귀찮았지만, 부모님이 기뻐하시는 것을 보고 보람이 있었다.
- 김규리 : 고맙고 수고하셨다고 칭찬해 주셨고 기분이 좋다고 하셨다. 한 달 내내 10분씩 러브장을 썼는데 힘든 점도 많았지만 10분씩 부모님을 생각하면서 쓰니까 기분이 좋아지는 것 같았다. 이제부터 내가 알아서 부모님께 효도를 해야겠다.
- 백성환 : 내가 이때까지 어떻게 지내 왔는지를 다시 한번 되돌아 생각하는 시간이 되었다.

만일 내가 다시 아이를 키운다면

만일 내가 다시 아이를 키운다면,
먼저 아이의 자존심을 세워 주고, 집은 나중에 세우리라.
아이와 함께 손가락 그림을 더 많이 그리고,
손가락으로 명령하는 일은 덜 하리라.
아이를 바로잡으려고 덜 노력하고,
아이와 하나가 되려고 더 많이 노력하리라.
시계에서 눈을 떼고 눈으로 아이를 더 많이 바라보리라.

만일 내가 다시 아이를 키운다면,
더 많이 아는 데 관심을 갖지 않고, 더 많이 관심 갖는 법을 배우리라.
자전거도 더 많이 타고 연도 더 많이 날리리라.
들판을 더 많이 뛰어다니고 별들을 더 오래 바라보리라.
더 많이 껴안고 더 적게 다투리라.
도토리 속의 떡갈나무를 더 자주 보리라.
덜 단호하고 더 많이 긍정하리라.
힘을 사랑하는 사람으로 보이지 않고,
사랑의 힘을 가진 사람으로 보이리라.

[출처 : 잭 켄필드 · 마크 빅터 한센(1996). 『사람 마음을 열어주는 101가지 이야기』 이레]

우리 가족 사랑하기

사랑을 키우는 가족 문화 만들기

생각열기

마음을 함께, 즐거움을 함께

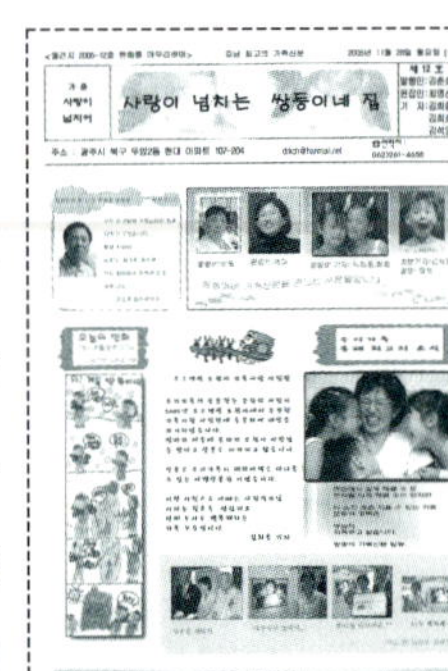
사랑이 넘치는 쌍둥이네 집

중학교 교사인 최명선 선생님네 가족은 쌍둥이 아이의 이름을 딴 '사랑이 넘치는 쌍둥이네 집' 이라는 가족신문을 발간하면서 그들만의 가족문화를 만들어가고 있다. 가족신문에는 함께 사시지 않는 조부모님도 참여하여 '효' 교육까지 하고 있는 모범적 가족으로 지난 2005년 광주광역시동부교육청에서 주최하는 '전자가족신문 만들기' 대회에서 은상을 타기도 했다. 그녀는 "가족신문이 곧 '가족의 역사' 이기 때문에 가족문화는 자연스레 형성되는 셈"이라면서 "자녀들에게 어렸을 때의 모습을 이야기해 주는 것보다는 가족신문을 보여주면 훨씬 실감나게 지난날을 회상할 수 있는 귀중한 자료가 될 것"이라고 말했다.

전문가들은 최근 들어 달라지는 가족문화를 현실로 받아들이면서 자기 나름의 가족문화를 창조하는 분위기가 확산되고 있는 건 바람직한 현상으로 가족의 중요성이 점차 강조되고 있는 상황에서 가족간의 유대 강화와 올바른 자녀지도를 위해서는 시대 흐름을 따라잡을 수 있는 가족문화를 만들어갈 것을 권유하고 있다.

해보기

쉬운 것부터 한걸음씩

▷ 가족달력 만들기

달력에 가족의 생일 등의 가족행사를 기록한다.

▷ 효 또는 자녀 사랑 이벤트

생일날 부모님에게 상을 차려드리거나, 부모가 자신의 소품 등을 자녀에게 물려준다.

▷ 가족 잠언집, 일기 만들기

가족이 돌아가며 자신의 감정을 쓰는 일기장을 마련하면 가족 간의 이해와 대화에 도움이 된다. 인터넷에 가족 블로그나 홈페이지를 만드는 것도 방법이다.

▷ 가훈 만들기

대대로 내려오는 가훈이 아니라 가족의 생각이 담긴 가훈을 만든다.

▷ 아이들과 서점에 가보기

아이들이 스스로 책을 고르도록 하고 훈수를 두면 안 된다.

▷ 오래 가는 취미를 함께 하기.

로버트 레드퍼드 감독의 영화 『흐르는 강물처럼』은 낚시가 가족애와 자녀교육에 얼마나 중요한지 가르쳐 준다. 바둑, 체스 등도 가족이 함께 하기에 좋다.

▷ 가족 동화책 만들기

가족이 함께 이야기를 만들고, 그림을 그리고 색칠해서 책으로 엮어낸다.

동화책 만들기에 참여하고 있는 가족들
[출처 : 전교조 전남지부 여성국(2006)]

해보기

묻어 뒀다 열어보는 재미 짱! 가족 타임캡슐 행사

새천년이 시작되던 해와 월드컵 이후 국민들이 함께 모여 타임캡슐을 묻는 행사를 하였다. 역사적인 그날을 기념하고 그때의 감동을 기억하고 싶기 때문이다.

그날이 그날 같은, 가벼워 보이는 가족생활의 일상들도 엄연히 역사의 한 부분이며 기념할만한 대상이다. 가족과 함께 기억에 남는 가족 타임캡슐 행사를 가져보자. 행사가 진행되는 가족의 365일은 기대감과 즐거움으로 넘칠 것이다. 당시에는 생생했던 현재였던 가족의 과거를 다시 되살려 지금의 가족의 삶을 다지며, 나아가 가족의 미래를 함께 이야기하는 소중한 시간을 가져보자.

▷ 가족 타임캡슐을 마련한다(종이상자를 장식해서 만들어도 좋음).

▷ 가족들은 각자 가족 타임캡슐에 넣을 것들을 준비한다.

- 애틋한 사연을 담은 편지나 메모, 가족들의 행복한 한때를 담은 사진, 가족들에게 주고 싶은 선물 등등

▷ 다른 가족원들이 알 수 없게 개별 포장을 한 후 가족 타임캡슐에 넣는다.

▷ 6개월 후나 1년 후에 개봉한다.

- 5월 5일 어린이날이나 5월 8일 어버이날을 전후하여 가족 타임캡슐 행사를 가진 후, 다음해에 개봉한다.
- 새해가 시작되는 1월에 가족 타임캡슐 행사를 가진 후, 12월 말에 개봉하며 한 해를 정리해 본다.

해보기

가족홈페이지 만들기

컴퓨터를 애용하는 가족이라면 가족간에 모둠일기장을 쓰기보다 더 쉬운 것이 홈페이지(블로그, 미니 홈피 등)를 운영하는 것이다. 특히 자녀들의 도움을 받아 부모들도 조금만 컴퓨터에 관심을 가진다면 자녀들에 대한 이해도 높일 수 있고 게시판 글쓰기 등을 이용한 자연스러운 대화를 유도할 수도 있다. 특히 가족사진 등의 자료를 모아 공유할 수 있으며 원거리에 있는 가족끼리도 얼마든지 서로 회원가입을 통해 가족들의 공감대 형성과 자료 축적에도 훌륭한 역할을 할 수 있다. 요즈음엔 회원가입만 하면 공짜로 개설할 수 있는 카페나 블로그, 미니 홈피 등이 많으므로 이를 이용하여 가족 홈페이지를 운영하는 것도 좋다.

읽어보기

가족과 함께 하는 봉사활동

푸드뱅크는 식품제조기업 또는 기업에서 식품을 기탁받아 결식아동, 홀로 사는 노인들 재가 장애인, 무료 급식소 등의 소외계층에 대한 식품지원복지서비스를 제공하는 식품 나눔 제도이다.

먼저 아버지께서 이 일을 시작하셨다. 아버지가 먼저 푸드뱅크를 하게 된 계기는 평택 푸드뱅크를 하시는 소장께서 "목사님 현덕제일교회에서 푸드뱅크를 통해 봉사하시면 어떨까요?"라고 하시며 제안하셨다. 그때까지만 해도 다소 생소했던 이름이었지만 소외계층에 대한 봉사라는 설명을 전해 듣고 아버지는 흔쾌히 받아들이셨다고 하신다. 푸드뱅크를 우리 교회가 해야 할 일로 받아들이고 평택에서 물품을 받아 현덕면에 자원봉사하는 봉사자로 나섰다. 초창기에는 아버지와 어머니 그리고 교회 청년들이 이일을 함께 했다. 일손이 모자라는 힘든 농사일 관계로 지속적으로 함께 하진 못했지만 교회 여신도회원이 참여하기도 했다. 그러던 어느 날 아버지는 나에게 "인준아 너도 시간이 있을 때 어려운 사람들을 돕지, 그래"라는 말씀을 하셨다. 처음엔 정말 싫었다. 싫었던 이유는 어려운 사람을 도울 때가, 내가 게임 할 시간이었기 때문이다. 아버지는 많은 가정은 아니지만 11가정을 대상으로 3~4년 동안 이 일을 통해 세상을 섬기고 계시지만 난 겨우 2년 정도 밖에 안된다. 난 초등학교 6학년 때부터 했기 때문이다. 맨 처음 할 때 아버지와 난 길을 몰라서 헤맨 적도 많았다. 대안리, 운정리, 장수리, 기산리, 화양리… 등등 현덕면 길들을 잘 몰라 헤매기도 하면서 물품을 전해주었다. 그 때 그렇게 하고 난 후 한동안 쉰 적이 있었다. 힘들기도 했지만 그보단 짜증 때문이었다. 그러나 중 1이 되자 학교군에서 봉사활동을 하라고 했다. 그래서 안하고 싶었던 푸드뱅크를 여름방학 때부터 다시 하게 되었다. 그리고 올 1월 우리 교회는 한 사람이 한 가지 봉사를 하도록 권장하고 있는데 우리 중등부 모두는 푸드뱅크 일을 하기로 자원했다. 모든 것이 생소했다. 왜냐하면 예전엔 따라다니기만 했다가 이제는 우리 손으로 모든 일을 시작부터 마칠 때까지 해야 했기 때문이다. 지난 2월 6일에는 설날을 앞두고 떡국을 나누게 되었다. 하지만 어느 가정, 누구에게, 또 어떻게 나누어야 할 줄을 몰랐다. 다행이 교회 청년들이 나누어 주어서 똑같이 나눌 수가 있었다. 그리고 우리들은 식품을 나누어주러 갔다. 11가구라 대수롭지 않게 생각했는데 2시간이나 소요됐다. 식품을 나누어 주다가 기산리에서 나와 같은 또래 여자를 봤다. 그 집에 들어가면 그 여자애가 부끄러워 할까봐 안 들어가려고 했지만 물품을 옮겨야 했기 때문에 어쩔 수 없이 들어가야 했다. 그 여자애가 정말 부끄러워하는 걸 보니, 또래 아이들에게 자신이 사는 모습을 보이고 싶지 않았나 보다. 그 모습을 보며 내가 하는 이 일을 통해서 부끄러움을 건네주지 않고 봉사를 할 수 있으면 더 좋겠다는 생각도 들었다. 바로 그 집을 나와 이제 식품을 전달하는 것이 끝날 즈음에 길을 가다가 비닐하우스에 사는 한 사람을 보았다. 아버지께서 차를 멈추시고 갑자기 그 비닐하우스에 들어가셨다. 나도 친구들과 비닐하우스에 들어갔다. 비닐하우스에 들어가 보니 온갖 살림살이가 놓여 있었으며, 잠은 어디에서 자느냐는 물음에 옆에 있는 컨테이너 박스에서 잔다는 것이었다. 왜 집을 안 짓는지 이유를 물어 보았더니 여긴 남의 땅이라서 집을 지을 수가 없다는 것이었다. 그래서 아버지는 나와 친구들을 보고 "애들아 차에 가서 식품을 가지고 와라."라고 말씀하셨다. 그래서 식품을 그 사람에게 주었다. 난 이때 아버지가 자랑스러웠다. 푸드뱅크 명단에도 없는 가난한 사람일지라도 식품을 나누어 주시는 따뜻한 마음을 아버지에게서 보았기 때문이다. 아버지와 함께 봉사활동을 하면서 다른 사람들을 도와주는 게 꼭 쉬운 것만은 아니라는 것을 느꼈지만 가치가 있는 일이기에 때론 어렵다고 생각되더라도 기쁜 마음으로 성실하게 해 볼 생각이다. 또한 한 달에 두 번 정도 되는 시간 속에서 아버지와 대화하며 친해질 수 있는 아주 좋은 활동이라는 생각이 들어 사람들에게 추천하고 싶다.

[안중중학교 박인준]

읽어보기

TV를 끄면 가족이 보입니다.

◀**TV 안보기 운동에 동참하고 있음을 알리기 위해 가슴에 다는 배지**

마산YMCA가 진행한 TV 안보기 운동에는 110 가족이 참가했다. 그 중 62 가정이 매일 매일 TV 안보기 운동 보고서를 꼼꼼히 작성하여 YMCA로 보내왔다.

이 보고서는 TV 안보기 운동을 '효과적인 미디어 교육'으로 한 단계 높여주는 소중한 기록이다. TV를 안보는 대신에 가정에서 무엇을 하며 지냈는지, TV 안보고 지낸 가족들의 소감, TV 안보기 때문에 일어난 이런저런 일을 기록하고, TV 안보기 약속을 어긴 사람과 이유를 꼼꼼히 적혀 있기 때문이다.

그렇지만, 62가족이 모두 TV 안보기에 성공한 것은 아니다. 62가족 중 1주일 동안 단 한 번도 TV를 보지 않고 지낸 가정은 모두 19가족에 불과하지만, 대부분 한두 번 보았을 뿐이고, 그 이유는 자발적인 의사 없이 우연히 TV를 보았다는 분들이다.

서너 번 이상 TV를 본 경우에도 그냥 막 TV를 본 경우는 없고 많은 갈등과 고민을 거쳐서 약속을 지키지 못한 미안함과 의지가 꺾인 자신을 원망하면서 TV 시청이 이루어졌으며, 주로 아빠나 할아버지, 할머니가 TV 안보기에 참여해주지 않은 경우들이다.

특히 아빠들은 아이들과의 약속을 지키기 위하여 많은 고민 끝에 '꼭 보고 싶은 것만 보고 TV를 끄는 모습'이 보고서에 그대로 드러난다.

보고서를 살펴보면 많은 경우 아이들은 TV를 안보고 잘 지내는데, 오히려 어른들이 더 힘들다는 평가가 많았다. 아이들은 가족들과도 약속하고 선생님과도 약속하고 친구들과도 약속을 하였기 때문일 것이다. 아울러 아이들은 가족들에게 TV 안보기를 꼭 하라고 권유하는 운동의 주체이었기 때문에 스스로 더 잘 지키려고 노력하였을지도 모른다.

"아무것도 모를 것 같은 홍길이가 '선생님이 TV 보면 안된대' 하며 하루 종일 한 번도 TV를 안보면서 장난감을 가지고 놀고 누나와 노는 모습이 정말 대견스러웠습니다."(홍길 엄마)

"아이는 TV 안보기를 잘 하는데, 엄마, 아빠가 힘들어서 혼났음. 그렇지만 안보니까 계속 안 보게 되었습니다."(동현 엄마)

TV 안보기 운동에 참여해본 가족들로부터 가장 많이 듣는 평가는 "시간이 많아 삶에 여유가 생겼다"는 것과 "가족간의 대화가 늘어나고 함께 보내는 시간이 많아졌다"는 것이다. 그래서 TV 안보기 운동의 구호도 "TV를 끄면 가족이 보인다"로 정했다. 그 외에도 TV를 끄면 여러 가지 생활이 달라진다. 아래는 보고서에 기록된 TV 안보기 운동 기간에 변화된 참가 가족들의 모습이다.

① 가족 모두 시간이 많아진다. 특히 엄마의 여가 시간이 늘어난다.

② 가족간의 대화가 늘어나고 함께 보내는 시간이 많아진다.

③ TV 대신 무엇을 하며 노는지 아이들을 더 잘 관찰하게 되었다.

④ 퇴근 후에 아빠가 아이들과 보내는 시간이 늘어났다.

⑤ 이름을 부르면 아이들이 빨리 대답한다.

⑥ 바깥놀이를 많이 하여 아이들이 일찍 잠자리에 든다.

⑦ TV를 끄면 식사습관이 좋아졌다.

⑧ 산책, 운동 등 신체활동이 늘어났다.

⑨ 책을 많이 읽게 되었다.

⑩ 여러 가지 이유로 집안이 깨끗해진다.

TV를 끄면 뭘 할까? 처음 TV를 끄고 나면 할 일이 없어 당황해하던 참가자들은 하루, 이틀 지나면서 TV 없이 사는 지혜(?)를 스스로 터득하게 된다. TV를 끄고 새로운 삶을 시작하고 싶으면 우선 지체 없이 TV를 끄시라. TV를 끄고 나면 TV 보다 재미있는 일이 마구 마구 떠오르게 될 것이다.

[출처 : 경남도민일보, 2006년 5월 19일]

셋째마당 | 가족의 어려움, 사회와 함께 풀어가기

도움이 필요한 가족

보호자를 잃은 가족

늘어만 가는 한부모가족

기업에서 전산분야 강사로 일하는 김○○(32)씨는 이른바 '비혼모(非婚母)'다. 결혼하지 않고 낳은 딸아이가 이제 4살이다. 김씨는 "결혼하지 않고 아이를 낳았지만 나의 선택이라 후회가 없다."며 이번 추석에도 당당히 친정 식구들과 명절을 보낼 생각이다. 하지만 걱정이 없는 것은 아니다. 아이가 조금 더 자라면 '아버지 없는 아이와 그 가족'을 바라보는 주위의 눈이 곱지 않을 것이란 우려 때문이다.

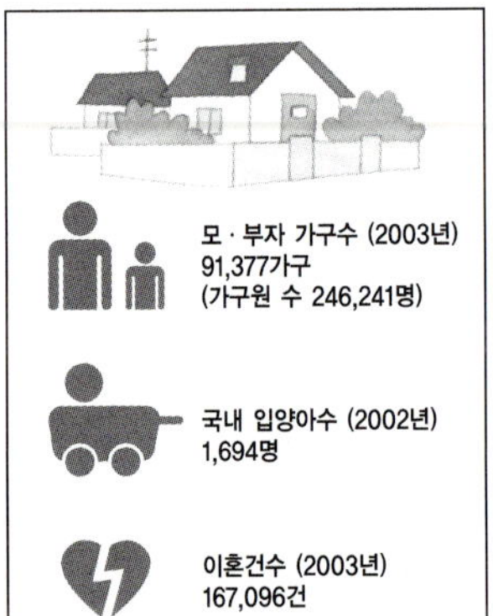

한국여성개발원이 2004년 발표한 자료에 의하면 미혼남녀의 28.8%가 '아예 결혼할 생각이 없다.'고 응답했다. 대학생 이○○(25) 씨는 결혼하면 여자만 손해본다는 생각에 사회적 눈총과 경제적 문제만 해결되면 애를 키우며 살겠다고 한다. 그래서 이런 사람들을 결혼은 노, 아이는 예스(No Marry Only Baby)'라는 말을 줄여 NMOB족으로 부르는 이들도 있다. 병원을 운영하는 의사 최○○(38、여) 씨는 입양을 통해 비혼모가 됐다.

가족들의 격렬한 반대를 무릅쓰고 "남자는 남편이 아닌 남자친구면 충분하지만 아이는 정말 필요한 존재라고 느껴 입양했다."고 한다. 하지만 아직 우리 사회의 시선은 차갑다. 여성운동가인 비혼모 김○○(43) 씨는 내 주변에는 진보적인 사람들이 많지만 내가 비혼모라는 사실을 알리지 못했다고 말했다.

부산에 사는 문○○(46) 씨는 해체를 통해 가족을 지키고 편견을 딛고 당당한 삶을 꾸린 사람이다. 현재 여고생인 두 딸과 친정어머니를 부양하고 있는데, 그는 지난 1998년 남편과 이혼했다. 양육과 경제적 문제, 주위의 시선이 편치 않았고 아이들도 어긋나기 시작했다. 그 후 '여성의 전화'의 도움으로 베이비시터로 활동하며 충분하지는 않지만 경제적 문제를 해결하고 사회복지사 과정을 밟고 있다.

한부모가족(모자 혹은 부자인 가족)의 법 · 제도적 지원방안 마련을 위해 '한국여성민우회 가족과 성 상담소'에서는 「가족이란 부부와 그 자녀」라는 '정상 가족 이데올로기'에서 벗어나야 한부모가족 · 독신가족 · 입양가족 · 재혼가족 · 공동체가족 등 현실적으로 존재하는 다양한 가족형태에 대한 사회적 편견과 차별이 사라지고 이들 가족의 구성원 모두가 행복해질 것이라는 생각에서 다양한 형태의 가족에 대한 사회적 편견과 법 · 제도적 차별을 없애기 위한 한부모 서로돕기 모임, 워크샵, 캠프, 네트워크 등 한부모 가정을 지원하기 위한 여러 가지 운동을 꾸준히 펼쳐나가고 있다.

소녀가장 | 김세영의 꿈, 사랑, 희망

꿈, 사랑, 희망, 살아가면서 꼭 있어야 할 세 가지이다. 지금 생각해보면 내가 살아오면서 이 세 가지를 잃지 않기 위해서 노력했다고 당당히 말하기는 부끄럽다. 가난이라는 짐을 지고서 꿈, 사랑, 희망을 항상 생각한다는 것은 나로서는 매우 힘겨웠다. 하고 싶었던 많은 일들을 돈이 없어 포기해야 했다. 나는 어릴 때부터 노래하는 것을 무척 좋아해서 고등학생이 되면서부터는 그냥 즐기는 것만이 아니라 직업으로 삼고 싶었다. 하지만 역시 예술 분야라 비용이 만만치 않았다. 형편이 어려워 포기해야겠다는 말에 친구는 정말 하고 싶은 일이라면 어떻게든 할 수 있을 거라고 했다. 하지만 적어도 나의 형편에서는 아니었다. 어머니가 벌어 오시는 돈으로 한 달 생활비를 겨우 대는 우리집 상황에서는 말이다.

지금 생각하면 친구 말이 옳았는지도 모른다. 그때 난 극복해 보려는 노력조차 하지 않았다. 가난이라는 핑계로 너무 쉽게 꿈을 포기했던 것이다. 어쩌면 내가 진정 바라는 꿈이 아니었기 때문인지도 모른다. 하지만 이제는 아니다. 의상디자이너라는 새로운 꿈을 찾았고 노력하고 있다. 그래서 전보다 생활이 즐거워졌다. 불평만 늘어놓던 생활에 꿈이라는 목표가 생겼다. 지금은 목표가 생겨 행복하지만 불과 1년 전만 해도 사랑하는 사람을 잃은 슬픔에 묻혀 있었다.

1년 전 아버지가 돌아가셨다. 나는 부모님의 이혼으로 여섯 살 때부터 아버지와 떨어져 살았다. 아버지 얘기를 하는 친구들이 부러웠고 아버지와의 추억이 있는 친구들이 부러웠다. 나도 아빠가 있는데...... 아버지 얘기가 나올 때마다 벙어리가 되었다.

그렇다고 해서 아버지와 함께 살고 싶지는 않았다. 어린 나이였지만 술에 취해 엄마와 언니들에게 상처를 주는 아버지가 싫었다. 가끔 찾아뵙긴 했지만 어머니의 손에 억지로 떠밀려 간 것이기 때문에 한 시간도 채 있지 않고 몇 푼 쥐어주시는 용돈만 받아오기 일쑤였다.

아버지는 많이 아프셨다. 술, 담배에 찌들어 성한 곳이 없었다. 가끔 뵐 때마다 몰라보게 늙어 가셨다. 난 차라리 아버지가 안 계셨으면 좋겠다는 생각도 했다. 하지만 고등학생이 되어 처음으로 아버지를 뵈러 갔던 날, 그 동안의 내 행동이 무척 후회가 되었다. 어린 시절 너무도 커 보이던 아버지가 이제는 등이 굽어 나보다 더 작아지신 것이었다. 꽉 움켜쥐면 부서져버릴 듯 많이 야위셨고 숨소리마저 거칠어지셨다. 그날도 매달 동사무소에서 나오는 적은 돈을 모아두셨다가 내 손에 쥐어주셨다.

"엄마 말 잘 듣고 공부 열심히 해라. 도와줄 사람도 없는데, 니가 잘 돼야 엄마가 안 힘들지...." 그날이 아버지를 본 마지막 날이 될 줄은 몰랐다. 난 눈물도 나지 않을 줄 알았다. ~ ~~~

(한국복지재단 대구종합사회복지관 제공)

박세라(한국복지재단 대구종합사회복지관) 복지사와의 인터뷰

Q 보호자(가장)를 잃은 가족, 소년소녀가장이나 한부모가족에게 어떤 도움을 주고 있나요?

A 각 지역 동사무소의 복지사가 상황을 파악하여 먼저 경제적 지원을 합니다. 기본적으로 정부에서 내려오는 생활비를 지원하고, 후원자와 연결하여 좀 더 많은 지원이 이루어지도록 하고 있습니다. 여성 봉사자를 통해 집안 일을 돕기도 하고 대학생 자원 봉사자를 통해 학습지도를 하기도 합니다. 한부모 가족인 경우는 취업 알선이나 취업을 위한 기술교육을 받을 수 있도록 연계해 주는 등의 일을 합니다.

Q 갑작스럽게 보호자를 잃고 어려움을 겪는 경우 가장 먼저 할 수 있는 일은 무엇일까요?

A 먼저 동사무소의 사회복지 담당자와 상담을 하는 것입니다. 직접 어려움을 당한 가족이 정신이 없을 경우 주변 이웃이나 아이의 학교 교사가 지역 사회복지 담당자에게 도움을 요청해 주면 좋겠죠.

Q 정말 어려운 가정이라도 조건에 해당되지 않으면 지원대상자도 선정되지 못하는

경우가 있더군요. 예를 들어 아버지가 살아있고, 수입이 있지만, 가족에게 전혀 도움이 되지 않거나 연락이 되지 않아 아이들이 어려움을 겪을 경우에 도움을 줄 수 있는 방법이 있나요?

A 그런 경우 일단 복지사가 상황을 정확히 파악하여 정부 지원 대상자로 정하진 못하더라도 후원자와 연결하여 도움을 줄 수 있습니다. 일단 동사무소의 복지사에게 상담을 하는 것이 가장 좋습니다.

Q 이러한 가족들과 함께 행복을 추구하기 위해 다른 가족들이 할 수 있는 일은 무엇이 있을까요?

A 첫째로 경제적 지원이 늘어야 한다는 것입니다. 정부 지원이나 후원자의 도움이 절대적으로 부족한 상황이라 도움이 다 주지 못해 안타까울 때가 많습니다. 둘째는 집안 일 돕기, 반찬해주기, 얘기 나누기, 등 직접적인 봉사 활동을 할 수 있는 사람이 더욱 늘어나야 합니다.

Q 가족들이 이러한 지원에 대해 불편해 하는 점은 없나요?

A 봉사 활동에 참가하려는 사람들 중에 많은 사람들이 선입견을 가지고 있는 점이 그 사람들을 힘들게 합니다. 대중매체를 통해 정말 찌그러질 듯 어렵게 사는 사람들을 생각하고(그 사람이 당연히 지저분하고 주거공간이 형편없을 거라 확신하며) 봉사활동을 하러 갔다가 깔끔하거나 그럭저럭 살 만한 가정에 갔을 때, 별 도움이 필요 없다고 먼저 판단해버리는 거죠.

사실 사람들이 생각하는 정도로 무척 힘든 사람이면 보호시설로 보내지거든요. 그리고 그런 사람들에게는 자신의 생활의 한 부분으로 매일매일 도움을 줄 수 있는 사람과 연결해요. 가끔씩 들르는 사람과 연결하면 봉사활동자가 오지 못하는 평소에는 생활하기 어렵잖아요.

이러한 가족은 무조건 지저분하고 찌들어 있고, 작은 도움을 무척 고마워할 것이라는 생각 자체를 버려야 합니다. 또 '이 정도면 살 만하네' 라고 섣불리 판단하면 안돼요.

그리고 일단 한 번 시작하게 되면 책임감을 갖고 꾸준히 관계를 형성해야 합니다. 특히 양쪽 부모가 모두 계시지 않는 가정의 아이들은 무척 예민하므로 꾸준한 만남으로 신뢰를 형성하는 것이 중요합니다.

Q 한부모가족라도 어머니가 있는지 아버지가 있는지에 따라 필요한 도움이 서로 다르겠죠?

A 어머니만 있는 가족인 경우는 경제적 지원이나 취업 알선이 중요하지만 아버지만 있는 가족인 경우는 집안일이나 자녀 뒷바라지에 도움이 많이 필요합니다.

정부의 지원 체제

보건복지(여성복지)부에서 운영중인 한부모부자가정 지원 (시, 군청을 방문하여 직접 알아봐야 함)

– 자녀학비(지원내용 : 입학금 및 수업료), 아동양육비

– 지원기준 : 1인당 1일 1,068원

– 지원요령 : 신규로 선정된 때에는 선정된 날부터 지원하고 지원대상에서 제외되는 경우에는 사유가 발생한 월까지 지원 (지원 단가에 해당 일수를 곱하여 산출된 금액을 지원)

모 · 부자가정 지원대상 사례

가족관계	대상여부	사 유
• 부모가 행방불명(또는 사망) 이어서 18세 미만의 손자를 할머니 또는 할아버지(65세 미만인 경우 포함)가 양육하는 경우	가	
• 할머니와 할아버지, 손자로 구성된 가정	부	• 할머니 또는 할아버지 중 1인이 심신장애로 장기간 근로능력을 상실한 경우는 가함.
• 남편 또는 아내 중 1인이 장애자이나 근로능력이 있는 경우	부	• 남편이나 아내 중 1인이 장기간 신체장애로 장기간 근로능력을 상실한 경우에는 가함. 여기서 장기간이라 함은 평생 근로능력 상실을 예견한 것임.
• 사실혼 관계에 있는 동거부부가 자녀(아동)를 양육하는 경우	부	• 사실혼 관계에 있는 경우는 제외됨.
• 남편을 사별한 여성이 그 시아버지를 모시고 자녀와 함께 사는 여성	가	• 시아버지가 근로능력이 없거나 소득이 기준 미달이어야 함.
• 교통사고로 부모가 다 사망한 아동이 고모집에서 더부살이로 살고 있다면	가 부	• 고모부가 없고 고모가 직접 생계유지 책임이 있을 시는 가함. • 고모부가 있고 고모부가 근로능력과 소득이 있는 경우는 불가함.
• 단일의 모 또는 부로 이루어진 가정으로 14세인 아동(동거)과 19세(대입을 위하여 재수, 별거중)인 자녀가 있는 경우	부	• 18, 19세인 경우는 재학생이어야 함.
• 큰딸은 출가하고 2남 3남이 20세, 18세 이상이며, 막내가 13세인 학생이 있는 경우	부	• 자녀가 연령 초과
• 남편이 복역중인 관계로 여성이 생계유지 책임을 지고 있는 경우(장기 1년이상 정도)	가	• 남편이 장기복역중인 경우는 대상이 되며 출소 후에는 불가
• 연령내 아동이 소년원에 복역중인 경우	부	• 모가 아동을 양육하고 있는 상태가 아님(출소후에는 가함).
• 미혼모가 혼자서 아이를 양육할 경우	가	• 모자가정임.
• 장기직업훈련 중인 장남이 만 19세인 경우	가	• 취학생으로 간주
• 18세 이상의 자녀 및 남편이 군복무 중(장기하사관 및 장교제외)인 저소득 모자가정	가	• 남편 및 자녀가 군복무(1년 이상의 공익근무 포함) 중인 경우 대상이 되며 군필 후에는 불가

한부모가족에게 도움이 되는 법과 제도

▶ 이혼 시

Q 서로 이혼하기로 합의하고 이혼신고를 하려고 합니다. 절차가 어떻게 되나요?

A 합의한 내용을 먼저 공증해야 함. 그리고 부부가 함께 남편의 본적지나 주소지 관할 가정법원 협의 의사 확인실에서 판사의 협의이혼 확인서를 받아야 함. 이후 어느 한 쪽이 주소지 관할 구청에 가서 3개월 이내에 이혼신고를 접수시켜야만 이혼이 성립됨.

Q 남편과 이혼 소송 중입니다. 위자료나 재산 분할 청구를 하려고 하는데 남편이 재산을 다른 사람 명의로 바꾸어 놓을까 걱정입니다. 이를 막기 위한 방법이 있을까요?

A 미리 재산을 가압류, 가처분해 놓는 등의 방법이 있음. 위자료 지급 의무자의 재산상 집행을 보전하기 위해 필요함.

Q 이혼 소송 중인데 남편이 생활비를 주지 않음은 물론 아이마저 데리고 있지 못하도록 하고 있습니다. 어떻게 해야 하나요?

A 이런 경우를 대비해 가사소송법에는 이혼 소송 제기 후 판결이 확정되기 전까지 임시로 조치를 취할 수 있도록 하기 위해, '사전처분' 제도가 있음. 사전처분의 내용으로는 이혼 판결 확정 시까지 생활비를 지급하게 하거나, 아이를 인도하게 하거나, 아이에 대한 양육비를 지급하게 하는 것, 아이에 대한 면접 교섭권을 인정하는 것 등이 있음.

Q 이혼 시 재산 분할은 위자료 청구와는 별도인가요?

A 별도임. 위자료는 이혼 시 이혼에 대한 책임이 있는 사람이 책임이 없는 배우자에게 지급하도록 되어 있는 것이며, 위자료 지급 유무 또는 위자료의 액수와 전혀 상관없이 재산분할은 가능함.

재산을 분할하되 결혼한 이후 형성된 재산에만 해당되며 현재의 재산을 형성하는데 얼마만큼 기여했느냐를 따져 나누도록 되어 있기 때문에 배우자의 명의로 된 재산에 대해 재산 분할을 청구하는 것은 당연함. 그런데 우리나라는 전업주부의 가사노동에 대한 인정을 별로 하고 있지 않기 때문에 전업주부의 경우는 재산분할이 판례로 보아 20-30% 정도밖에 되지 않음. 직업이 있는 주부라 하더라도 50%를 별로 넘지 않는데 이는 앞으로 고쳐져야 할 사항임.

Q 이혼 소송이 끝난 후 다른 재판에 계류 중이던 남편 명의의 재산은 뒤늦게라도 분할의 대상이 될 수 있나요?

A 될 수 있음(대법원 판례가 실제로 있었음).

▶ **이혼, 사별 후**

Q 이혼 후 아이를 제가 기르고 있는데 친권자는 아버지로 되었습니다. 이혼 당시는 이혼만 해주면 좋겠다 싶었고, 실제로 아이를 내가 기르기로 했기에 별 문제 없겠지 싶어 아이 친권 문제를 심각하게 생각하지 않았습니다. 그런데 아이가 성장하면서 친권과 관련한 문제가 생길 수 있겠다 싶어 친권자를 저로 변경하고 싶습니다. 이제라도 가능한가요?

A 가능하며 법원에 친권자 변경신청 소송을 해야 함. 이때 변경하고자 하는 객관적인 이유를 명백하게 제시해야 받아들여질 가능성이 높음. 민법 제924조에 의해서 법원이 친권자에게 친권상실선고를 하기도 하는데 '친권을 남용하거나, 현저한 비행을 저지르거나 기타 친권을 행사시킬 수 없는 중대한 사유가 있을 때' 이므로 아버지의 위와 같은 명백한 행위가 있어야 더욱 가능함. 친권뿐만 아니라 양육자 지정, 양육에 관한 사항 등도 변경 청구 가능함.

Q 이혼하면 나의 호적은 어떻게 되나요? 또 자녀의 호적은 어떻게 되나요?

A 혼인이 해소되면 친정으로의 복적하거나 본인을 호주로 하여 일가를 창립하면 됨. 이때 자녀는 그대로 아버지(또는 할아버지)를 호주로 한 채 남아 있음(현행법). 호주제 폐지에 따른 시행령이 제정되면 달라짐.

Q 그렇다면 주민등록상 자녀와 나의 관계는 어떤 관계인가요?

A 여성의 경우 호적상으로 자녀와 남남입니다. 일단 주민등록에는 '자' 로 표시되지만 이름 옆에 호주 이름이 각각 다르게 나타납니다.

Q 이혼 시 자녀의 양육비를 받는데 이에 대한 증여세 부과 문제를 알고 싶습니다.

A 이혼 후 자녀를 본인이 양육하면서 배우자로부터 자녀에 대한 양육비를 받을 경우, 매월 사회 통념상 양육비로 인정되는 금액을 수령한다면 세법상의 문제는 없지만, 평생동안의 양육비를 목돈으로 한꺼번에 받고 이 돈으로 부동산 또는 유가증권 등을 취득하는 등 자산증식의 수단으로 사용한다면, 이에 대하여 증여세가 과세될 수 있음.

▶ **재혼**

Q 재혼 시 전 남편 사이의 아이와 재혼 남편의 성(姓)이 달라 걱정입니다. 특히 아이가 학교에 입학하게 되면 더욱 문제가 될 것 같고요 . 현재 아이의 성을 재혼 남편의 성으로 바꿀 수는 없나요?

A 자녀의 성을 바꿀 수 없는 것은 여성의 재혼을 가로막는 가장 큰 걸림돌로서 호적과 관련된 법률을 개정할 때 반드시 변경해야 할 부분임.

Q 재혼 시 내 아이의 호적은 어떻게 되나요?

A 자녀의 호적은 아버지의 호적에 그대로 남아 있음. 친권이 어머니에게 있더라도 마찬가지임. 재혼남편의 호적에 올리려면 재혼 남편의 동의를 얻어 입양절차를 거쳐야 하며 입양을 하더라도 역시 여전히 자녀의 성과 본은 양아버지(새남편)를 따를 수 없음.

Q 전 남편의 사망으로 자녀가 상속을 받게 되어 있습니다. 자녀의 친생모로서의 권리가 있습니까?

A 물론 자녀가 미성년자라면 친생모로서 친권자가 되어 친권자로서의 행사가 가능함.

Q 재혼하면 새 남편이 전처와의 사이에서 낳은 자녀와 나는 어떤 관계인가요?

A 새 남편과 전처 사이에서 태어난 자녀와 나는 인척관계가 됨. 본인이 원하면 입양신고를 통해 모자 사이가 되지만 원하지 않을 때에는 남편의 자녀와 나와는 인척관계가 되며(인척관계란, 혼인으로 인해 발생되는 관계를 말하는 법적 용어임) 부양, 상속 등의 의무가 주어지지 않음.

Q 여성의 경우에만 재혼금지기간이 있다고 하는데 사실입니까?

A 과거에는 여성이 임신한 상태에서 이혼할 경우 태아의 아버지가 누구인가 문제가 될 수 있기 때문에 이런 규정이 있었으나 현재는 과학의 발달로 유전자 감식 등으로 인하여 태아의 아버지를 가리는 일이 가능해졌기 때문에 이런 규정이 없어짐.

▶ 사회복지제도 및 시설

Q 국민연금과 관련하여 알고 싶습니다.

A 새로 개정된 국민연금법에 의하면, 5년 이상 결혼생활을 하고 이혼하여 60세에 달하였거나 60세가 된 후에 이혼한 경우 연금 수급권자의 배우자가 신청을 하면 결혼기간에 해당하는 연금액 절반을 지급받을 수 있음.

Q 모자복지시설의 입소자격이 따로 있는지 알고 싶습니다.

A 입소대상 및 입소기간, 절차, 서류에 관한 사항은 다음과 같습니다.

입소대상	보호자 배우자의 사망, 이혼 등 사유로 부녀자가 그가 보호해야 할 18세 미만(취학시 20세)의 자녀를 부양할 능력이 없는 저소득 모자 가정세대, 무주택 모자가정으로 서울시 거주 1년 이상된 세대.
입소기간 및 내용	입소일 기준으로 3년 거주 (특수한 사정이 있을 경우 2년 이내 연장 가능). 주거제공 및 생계비 지원.
입소절차	거주지 동사무소 신청 → 관할구 여성복지 상담원과 상담 → 시설 관할구로 입소의뢰 → 시설 관할구로 입소 의뢰 → 신청인에게 입소 결정 통보 → 모자원 입소 의뢰 → 시설장과 상담 후 입소 결정.
구비서류	복지급여 신청서 1부, 호적등본 2부, 주민등록등본 2부, 사진 3장, 도장

Q 모자복지법에 따른 한부모가족 지원의 선정 기준에 대해 알고 싶습니다.

A 18세 미만의 자녀를 가진 모자가정의 경우, 3(4)인 가족 기준 재산 4천5백만 원 미만, 월소득 81만 9천 원 이하(100만 원 이하)일 때, 부자가정의 경우, 3(4)인 가족 기준 재산 4천5백만 원 미만, 월소득 104만 4천 원 이하(122만 5천 원 이하)일 때 지원.

도움이 필요한 가족

폭력이 있는 가족

가족은 사회의 가장 기본적인 단위로서 모든 사람은 가족 내에서 지속적인 상호작용을 한다.

가정폭력은 '가족 구성원 중의 한 사람이 다른 가족에게 의도적으로 물리적인 힘을 사용하거나 정신적 학대를 통하여 고통을 주는 행위' 를 말한다. 즉 가정폭력은 동거가족을 포함한 가족 구성원 간에 발생하는 폭력으로 배우자, 부모 · 자식, 형제, 동거가족 등에서 주로 발생한다. 특히 아내, 아동, 노인 등 사회 · 경제적 약자를 대상으로 발생하고 있어 가정폭력이 단순히 물리적 힘이 있고 없음에서 발생하고 있는 것이 아니라 사회 · 경제적 권력 관계에서 발생하고 있음을 알 수 있다.

가정폭력은 가해자의 계획적이고 반복적이고 다분히 의도적인 폭력으로 인해 피해자에게 심각한 신체적 · 정신적 손상을 주는 행위이다. 단순한 신체적 폭력뿐 만 아니라 실제적으로 측정하기는 어려워도 피해자에게 막대한 심리적 · 정서적 타격을 입히고 자아존중감을 해치는 언어적 학대, 성적 학대의 경우를 포함한다. 나아가 가정폭력은 방임 · 유기 등의 넓은 의미로 개념지어 심각하게 인권을 침해하는 행위임을 분명히 인식해야 한다. 또한 사회의 기초 단위인 가정의 평화와 안정을 깨트리는 직접적인 원인으로 사회의 안전성에 심각한 위험 요소로 작용하고 있음을 깨달아야 한다.

가정폭력은 외부에 발견되기 매우 어려우며 외부의 개입이 시작될 정도가 되었을 때는 이미 상당히 심각한 정도에 이른 상황이라고 볼 수 있다. 가정폭력은 은폐되고 세대간 지속되며, 반복적으로 발생하는 특성이 있다. 따라서 가정폭력을 근절시키기 위해서는 우리 사회의 끈질기고 적극적인 개입이 필수적이다.

여성의 전화와 가정폭력방지 관련단체들은 1994년부터 1997년까지 가정폭력관련법들을 제정하기 위해 치열하게 노력했다. 1997년 제정된 가정폭력관련법 제정은 우리 사회가 이제 가정폭력을 사회문제로 받아들이기 시작했다는 중요한 변화이다. 가부장적이고 유교적인 전통이 뿌리 깊은 한국사회에서 가정폭력관련법의 제정은 가히 혁명적이라고 말할 수 있다. 물론 법이 제정되었다고 해서 우리 사회의 가정폭력 문제가 모두 해결되었다고 볼 수는 없다. 법이 제대로 시행되고 효율적으로 집행되기 위해서는 올바른 인식과 관심 그리고 주변 사람들의 도움이 필요하다.

[사례 1]

태어난 지 100일 만에 아버지의 술과 폭력에 시달리던 어머니가 가출하고, 병든 할아버지, 할머니와 살던 A양은 14년 동안 아버지로부터 지속적으로 '죽어라', '죽을 년'이라는 언어폭력과 온몸을 무차별적으로 폭력 당함.

2005. 4. 15 밤 10:20경 술에 취한 아버지가 중풍으로 거동을 못하는 할아버지의 귀를 뚫는 등 폭행하고, 이를 말리는 할머니에게 욕설을 하며 행패를 부리고 자신에게도 폭력을 휘두르자 그냥 두면 칼을 들고 위협할 것 같아 나일론 끈으로 손을 묶고 넥타이로 뒤에서 목을 감음.

밤 10: 52경 A의 신고로 출동한 112가 쓰러진 아버지를 발견하고 119에 연락하여 병원으로 후송, 치료 중 아버지가 밤 11:55경 사망. 타살혐의가 있어 가족을 상대로 조사하던 경찰에게 A양은 자백을 하고, 16일 새벽 3시 긴급 체포.

[사례 2]

사망한 아버지는 중풍으로 거동을 못하는 자신의 아버지와 어머니 그리고 A양을 하루 건너 한 번씩 술을 먹고 가정폭력을 휘둘러 왔습니다. 아버지는 음주상태에서 가정폭력을 휘둘렀고, 음주하지 않은 평소에는 대인기피증으로 형제들조차 집에도 못 오게 하였습니다. 심지어 A양의 고모가 집에 가면 망치를 들고 나와 왜 왔냐며 문밖으로 내몰았습니다.

아버지의 폭력으로 집안에는 남아나는 물건이 하나도 없었습니다. 아버지는 누워 계신 할아버지를 때렸고, 할머니에게도 폭력을 행사하여 7년 전에는 다리를 다치시기도 하였고, 칼을 휘두르는 것을 말리다 할머니 손이 베인 적도 있습니다.

A양이 태어난 지 100일 만에 어머니가 집을 나가고 아버지는 A양에게 지속적으로 폭력을 휘둘렀습니다. 우는 아이를 던지고, 4살 때에는 A양을 세탁기에 넣고 돌린 적도 있습니다. 할머니의 전화를 받고 달려와 애한테 그러면 되냐는 큰고모에게 아버지는 "내 새끼 내 마음대로 하는데 무슨 상관이야." 하였습니다. 다니던 학원으로 아버지가 찾아와 두들겨 패기도 했습니다. "이년 죽어야 한다. 죽인다."라고 하며 목을 누르고 마구 때리고 발로 차고, 머리채를 잡아 흔드는 일이 반복되었습니다.

이웃들도 아버지가 술 마시고 할아버지, 할머니 그리고 A양에게 폭력을 휘두르는 것을 알고 있었지만 아버지의 행패가 두려워 신고하지 않았습니다.

A양의 고모님도 할머니가 말려서 진작 신고하지 않은 것을 너무도 후회하고 있습니다. "진작 신고하지 않아서 불쌍한 우리 A를 이렇게 만들었구나!"

"고모들이 죄인이다. A가 살려고 그랬다. 아무도 지켜줄 사람이 없었다."

A양은 병든 할아버지와 할머니 외에 아무도 도와 줄 사람이 없는 아버지의 폭력 때문에 고립된 가정에서 외로움과 두려움에 떨었습니다. 늦은 저녁에 학원이 끝나면 다른 아이들처럼 집으로 바로 들어가지 못하고 집에 전화하여 아버지가 있나? 없나? 술에 취했나 확인하고, 괜찮으면 들어가고 아니면 아버지가 잠들 때까지 친구 집에 있다가 들어 가곤 했습니다. 아이의 상황은 제일 친한 친구 OO와 그 부모가 잘 알고 증인도 서 주겠다고 합니다.

A양에게 가정은 사랑과 돌봄, 평안의 장소가 아니었습니다. 언제 일어날지 모르는 아버지의 폭력 때문에 늘 가슴 졸이고 불안하고 숨도 편하게 못 쉬게 하는 곳이었습니다. 어린 A양은 너무 힘들어 자신에게 이런 편지를 썼습니다.

○○야! 보아라.
아무리 어렵고 두려워도 ○○야! 힘내.

– A양이 자신에게 쓴 편지 중에서 –

상습적인 가정폭력을 일삼던 아버지를 우발적으로 폭행치사한 강릉 여중생 이양이 불구속 처분을 받은 건 지난 5월 9일. 석방된 지 거의 1개월이 지나가지만 이양은 아직 학교에 다니지 못하고 있다. 경찰에 구속된 4월 16일부터 현재까지 거의 50일 동안 학교에 발을 들이지 못하고 있는 셈이다.

이양은 구속 상태에 있을 때부터 줄곧 "학교에 가고 싶다"는 이야기를 해왔다. 학교 친구들도 하루 빨리 학교로 돌아오길 바랐다. 그럼에도 이양이 여전히 학교에 가지 못하는 건 이양이 다니던 A중학교의 '반대' 때문이다.

학교쪽은 2일 〈오마이뉴스〉와의 통화에서 "어린 학생들이 아버지를 살해한 이양을 놀릴 수 있고, 그러면 이양이 더 큰 상처를 받게 된다."며 "현재는 집에서 쉬면서 가정학습을 하는 게 더 바람직하다"고 밝혔다. 또한 A중학교의 한 관계자는 "아직 이양이 명백하게 무죄 판결을 받지 않아 상황이 어떻게 될지 모른다."며 "이양의 경우 특수한 사건이라 학교에서도 어떻게 대처해야 할 지 아주 난감하다"고 말했다. 이어 "지역사회에서 이양의 사건이 널리 알려져 있어 정상적으로 학교에 다니기 어렵다"고 덧붙였다.

이런 의견과 달리 '가정폭력 피해아동 A양 구명을 위한 공동대책위원회(공동대책위)'는 이양이 원하는 대로 학교에 다시 보내려고 노력했다. 하지만 끝내 학교와의 견해 차이가 좁혀지지 않아 당초 계획을 접을 수밖에 없었다. 공동대책위의 한 관계자는 "이양이 많이 안정을 되찾았고 학교로 돌아가길 간절히 원했지만 학교의 생각은 달랐다."며 "학교 쪽을 완전히 이해 못하는 건 아니지만 학생을 거부하는 학교에 아쉬움이 있다."고 밝혔다.

현재 이양과 A중학교, 그리고 공동대책위는 등교하지 않는 방향으로 잠정 합의한 상태로 알려졌다. 공동대책위는 이양의 거취를 위해 ▲국립 청소년 쉼터 ▲다른 가정으로의 위탁 ▲대안학교 입학 등을 고려하고 있다.

공동대책위의 한 관계자는 "앞으로 이양과 많은 시간을 갖고 여러 곳을 돌아다니며 적절한 곳을 찾을 예정"이라며 "이양이 고향에서 강제로 떠밀려 떠나는 느낌을 받고 상처받지 않을까 염려스럽다."고 밝혔다.

이에 대해 정신과 의사 정혜신씨는 "먼저 이양의 심리 상태를 파악한 후 무엇이 이양의 상처를 치유하는 데 가장 좋은지 어른들이 심사숙고해야 한다."며 "학교와 지역사회가 이번 문제를 감추려 하지 말고 적극적으로 대처해 이양에게 치유의 환경을 조성해 주는 것이 중요하다."고 말했다.

홍윤기 동국대 교수도 "우리나라 학교가 상처받은 아이를 보살피는 데 소극적인 건 큰 문제"라며 "이양이 학교와 고향을 떠나는 건 모든 것을 잃는 것이기 때문에 그런 공백을 채워줄 사람과 가정이 필요하다"고 지적했다.

한편 현재 이양은 '가정체험학습'으로 처리돼 있어 장기결석은 피한 상태다. 학교에는 가지 못하지만 따로 친구들을 자유롭게 만나고 있다.

[출처 : OhmyNews. 2005년 6월 2일]

▶ 가정폭력에 대한 잘못된 통념

1. 가정폭력은 부부싸움이다?
2. 맞을 짓을 했으니까 맞는다?
3. 가정폭력은 사소한 일이다?
4. 자식이 잘못하면 때려서라도 가르쳐야 한다?
5. 맞고 사는 사람에게 문제가 있다?
6. 가해자는 성격이상자나 알콜중독자이다?
7. 남의 집안일이니까 간섭해선 안 된다?
8. 남자는 남자답게 여자는 여자답게 길러야 한다?
9. 가정폭력은 학력이 낮거나 가난한 집에서 일어난다?
10. 요즘은 맞고 사는 남자도 많다?

▶ 가정폭력피해자 권리헌장 (일상적 권리)

1. 폭력을 당하지 않을 권리
2. 피해상황에 대한 피해자로서 대우받을 권리
3. 폭력을 행하는 배우자와 가족을 법적으로 고소할 권리
4. 맞을 짓을 했으니 맞았다고 비난당하지 않을 권리
5. 이혼녀라고 비난받지 않고 이혼할 수 있는 권리
6. 한부모가족의 자녀라고 비난받지 않을 권리
7. 불면, 불안, 악몽, 두려움, 초조함, 분노 등 피해 후 증상들을 갖고 표현할 권리
8. 가족이나 친구 등 주변으로부터 정서적으로 지지받을 권리
9. 피해에 대해 주변인에게 말할 권리 또한 말하지 않을 권리
10. 피해를 극복하고 어려움을 이겨내기 위해 필요한 모든 정보와 지지를 주변, 관변단체, 사회로부터 제공받을 권리
11. 두려움에서 벗어나 스스로의 삶에 대한 자신감을 되찾을 권리
12. 아이를 양육할 수 있는 권리
13. 자기 인생의 주인으로 행복해질 권리

▶ 가정폭력 피해자를 어떻게 도울 수 있을까?

1. 피해자가 매우 어렵고 혼란스러운 상황에 처해 있다는 것을 인정하십시오.
2. 도움을 줄 수 있는 누군가가 있다는 것을 깨닫게 해 주십시오.
3. 학대를 부정하거나 최소화하거나 변명하시 마십시오.
4. 피해자가 스스로 결정할 수 있는 권리를 존중하십시오.

5. 비밀을 지켜야 합니다.
6. 피해자의 장점을 강조해 주십시오.
7. 피해자가 안전할 수 있는 방법을 함께 계획하십시오.
8. 자신의 한계를 인정하고 감당할 수 있을 만큼의 도움을 주십시오.

▶ 폭력의 피해자를 탓하지 마십시오

피해자를 비난하는 행동이나 말에는…

- 지역사회는
  - " 도대체 어떻게 했기에 남편이 화가 났지? "
  - " 더 좋은 아내/엄마/며느리가 되어야 해 "
  - " 타고난 팔자라 어쩔 수 없어. "
  - " 내가 남편이라도 때렸을 것 같아 "
  - " 잘못했으니까 맞았지, 잘하면 왜 맞아? "
- 가해자는
  - " 당신이 잘못해서 그런 거야. "
  - " 당신이 아내/엄마/며느리 역할을 제대로 했어? "
  - " 감히 남편에게 잘났다고 대드는 거야? "

▶ 가정폭력 사건이 발생하면

1. 믿을만한 사람에게 이야기 하십시오.
2. 친구, 가족 또는 그 외의 사람들이 당신에게 어떤 도움을 줄 수 있는지 생각해 보십시오.
3. 자신의 상황에 맞게 스스로 결정을 내리십시오.
4. 자신에게 필요한 정보를 안전한 장소에 보관하십시오.
5. 비상소지품을 챙겨서 믿을 수 있는 사람에게 맡기거나 안전한 장소에 보관하십시오.
6. 헤어지거나 피해야 할 경우, 갈 수 있는 장소를 생각해 두십시오.
7. 자녀의 안전에 관해 생각해 두십시오.
8. 지역사회의 정보를 활용하십시오. 상담소, 쉼터, 법률기관, 경찰, 복지관 등.

▶ 대응방법 1

1. 첫 구타에 강력히 대응한다.
2. 주변에 즉각 알린다.

3. 빨리 피하고 경찰이나 가정폭력상담소에 도움을 요청한다.
4. 맞은 상처는 병원에 가서 진단서를 끊어두고 날짜와 얼굴이 함께 나오도록 사진을 찍어 둔다.
5. 평소에 주민등록증, 운전면허증, 비상금, 비상열쇠, 의료보험카드, 진단서나 치료 확인서, 옷가지 등을 미리 준비해 두거나 가까운 친구, 친척집에 맡겨 둔다.
6. 상담소나 경찰서, 쉼터 등의 전화번호를 항상 메모해 둔다.
7. 전국 어디서나 국번 없이 1366(여성위기전화)으로 전화해 도움을 받는다.

▶ 대응방법 2

1. 가족이나 이웃 누구든지 경찰에 신고한다(112로).
2. 경찰은 즉시 출동해서 아래와 같이 응급조치를 취해야 한다.
3. 폭력 행위를 제지하고 범죄에 대해 수사를 한다.
4. 피해자가 원하면 가정폭력관련 상담소 또는 보호시설로 인도한다.
5. 긴급치료가 필요한 피해자는 의료기관으로 인도한다.
6. 폭력이 다시 발생할 때 임시 조치를 신청할 수 있다.
(단, 현행범은 그 자리에서 연행할 수 있다.)
7. 경찰은 사건을 검사에게 보낸다.
8. 검사는 사건을 법원으로 보낸다.

▶ 가정폭력 예방을 위한 10가지 지침

1. 어떤 상황에서라도 폭력은 사용하지 맙시다.
2. 자녀들에게 매를 들기 전에 다시 한번 생각합시다.
3. 평소 폭력적인 말과 행동을 삼갑시다.
4. 남이 폭력을 사용하는 것을 보면 제지합시다.
5. 가까운 경찰서와 가정폭력 상담기관의 전화번호를 메모해 둡시다.
6. 심각한 폭력이 일어나는 위기상황인 경우 바로 경찰에 신고합시다.
7. 경찰은 가정폭력 신고가 들어오면 즉각 출동합시다.
8. 의사나 간호사는 가정폭력 피해자를 위한 적절한 조치를 취해 줍시다.
(진단서, 피해자보호, 상담기관 연계)
9. 가정 내 폭력을 호소하는 가족이나 친구들에게는 상담기관을 안내해 줍시다.
10. 가족간의 대화를 통해 서로를 존중하고 이해하도록 노력합시다.

▶ **가정폭력 바로알기 퀴즈~!**

Q 가정폭력 사건은 누구나 신고할 수 있다?

(○) 가정폭력 사건은 피해자나 그 가족뿐 아니라 누구라도 신고할 수 있습니다. 가정폭력 현장을 목격한 이웃이나 가정폭력 사실을 알게 된 교사, 상담원 등이 신고하는 것도 가능합니다. 주위에서 가정폭력을 목격하면 꼭 신고하여 피해자를 보호할 수 있어야 합니다.

Q 가정폭력 사건으로 신고하면 가해자는 전과자가 된다?

(×) 가정보호사건으로 처리할 것을 요구할 수 있고, 이 때에는 전과기록이 남지 않습니다.

Q 피해자는 경찰에 임시조치를 요구할 수 있다?

(○) 피해자는 가해자의 처벌 이외에 임시조치를 요구할 수 있습니다. 가해자에 대한 퇴거명령이나 접근금지명령 등이 여기에 해당합니다. 가해자가 임시조치를 어길 경우 가해자는 더 심한 벌을 받게 됩니다.

Q 전 배우자나 동거인이 폭력을 행사한 경우 가정폭력으로 처벌할 수 없다?

(×) 혼인신고가 된 배우자의 경우만 가정폭력방지법의 적용을 받는 것은 아닙니다. 전 배우자나 동거인이 폭력을 행사해도 가정폭력으로 처리됩니다.

Q 자녀는 자신을 구타하는 부모를 고발할 수 없다?

(×) 본인 또는 배우자의 직계존속이 폭력을 행사한 경우도 가정폭력에 해당하므로 신고할 수 있습니다.

Q 폭력가정의 자녀는 주소지 이전 없이 전학갈 수 있다?

(○) 폭력가정의 자녀가 가해자를 피해 전학해야 하는 경우 초중등교육법 시행령에 의해 주소지를 이전하지 않고 전학할 수 있습니다.

가정폭력에서 변한 것은 아무것도 없다.

폭력 피해여성의 설문 응답 분석 (한국여성의전화연합 인권국)

여성의 전화에서 총 1~8개월 간 전국 지부의 상담소를 통해 17,819건의 상담이 이루어졌다. 그중 가정폭력에 관한 상담은 6,970건으로 39.12%를 차지하고 있다. 그중 면접 상담을 통해 설문조사에 응한 내담자는 222명이다.

가정폭력방지법이 제정된 지 6년이 되었고 전국에 가정폭력상담소가 147개소에 달하고 있음에도 실질적인 가정폭력피해자의 보호가 이루어지 않고 있음을 가정폭력피해자의 설문응답을 통해 확인할 수 있었다.

가정폭력을 줄이지 못한 가정폭력방지법

가정폭력 상담은 47.75%가 신체적 구타이며 30.18%는 폭언 멸시로 나타나 신체적 폭력 외에 언어적 폭력의 비율이 상당히 높음을 알 수 있다. 이는 현재 법에도 규정이 되어 있으나 현실적으로 고소를 하기 위해서는 진단서를 요구하는 상황에서 언어적 폭력을 처벌하는 것이 쉽지 않은데 이에 대한 적극적 대응이 필요함을 알 수 있다. 그 외 경제적 학대 14.1%, 성적 학대6.31%로 나타났는데 최근 법원에서 아내강간을 성폭력으로 인정하였으므로 성폭력특별법에 의해 처벌할 수 있는 가능성이 높아져 이에 대한 다양한 판례를 만들어가야 할 것이다.

폭력이 일어나는 상황(중복응답)

• 자녀와 문제가 있을때	21건	(6.60%)
• 생활비를 요구할 때	17건	(5.35%)
• 남편의 외도에 대해 문제 제기할 때	15건	(4.72%)
• 남편이 술 마셨을 때	97건	(30.50%)
• 아내가 말대꾸 할 때	40건	(12.58%)
• 남편의 성적 요구에 응하지 않을때	8건	(2.52%)
• 남편의 기분에 따라 이유 없이	104건	(32.70%)
• 기타	16건	(5.03%)
• 소계	318건	(100%)

폭력의 핑계

• 남편에게 말대꾸한다	80건	(26.85%)
• 남편을 무시한다	68건	(22.82%)
• 남편의 행동을 간섭한다	41건	(13.76%)
• 살림을 잘하지 못한다	20건	(6.71%)
• 시댁식구에게 잘하지 못한다	19건	(6.38%)
• 자녀교육을 잘하지 못한다	6건	(2.01%)
• 아내가 외도한다	26건	(8.72%)
• 사랑하기 때문에	9건	(3.02%)
• 기타	29건	(9.73%)
• 소계	298건	(100%)

피해여성이 생각하는 폭력 원인

• 권위주의적 사고방식	31건	(21.52%)
• 열등감	24건	(15.19%)
• 경제적 무능력	10건	(6.33%)
• 난폭한 성격	35건	(22.15%)
• 주벽	11건	(6.96%)
• 의처증	18건	(11.39%)
• 폭력가정에서 자람	18건	(11.39%)
• 기타	8건	(5.06)
• 소계	158건	(100%)

폭력이 일어나는 상황은 주로 '남편이 술 마셨을 때(30.50%)'와 '남편의 기분에 따라 이유 없이(32.70%)'가 나타난다. 폭력을 행사하면서 남편에게 말대꾸한다(26.85%), 남편을 무시(22.82%), 행동을 간섭(13.76%)으로 나타나, 대부분 남편들의 일방적 시각에 의해 폭력이 일어나는 것을 확인할 수 있다. 피해여성이 보는 폭력의 원인에서 보듯이 권위주의적 사고방식(21.52%)과 성격난폭, 열등감(37.34%) 등, 남성의 가부장적 시각이 바뀌지 않으면 가정폭력이 근절되기 힘든 것임을 보여주고 있어 법의 효율을 높이는 것과 마찬가지로 사회의 의식 속에서 가정폭력은 범죄임을 인식하게 하게 하는 의식변화운동이 절실함을 알 수 있다.

'여성의 전화'가 가정폭력에 대한 상담을 시작한 이후 지금까지 폭력이 일어나는 상황이나 원인에 대한 내용은 변한 것이 없다. 따라서 가정폭력방지법의 시행이 사회의 의식을 변화시키는 역할을 하고 있지 못하고 있음이 드러나 가정폭력에 대한 지금까지의 대응을 평가하고 총체적인 접근이 요구된다.

폭력 피해여성의 인권보호와 안전이 최우선적으로 고려되어야 한다

폭력의 결과 신체적 상처에 대한 답변(중복응답)

• 멍 · 타박상	165건	(54.28%)
• 열상(찔리거나 찢어진 상처)	59건	(19.41%)
• 골절, 치아골절	28건	(9.21%)
• 고막파열	25건	(8.22%)
• 안구손상	12건	(3.95%)
• 화상	1건	(0.33%)
• 유산	4건	(1.32%)
• 불구가 되었다	1건	(0.33%)
• 기타	9건	(2.96%)
• 소계	304건	(100%)

폭력의 결과 정신적 후유증에 대한 답변(중복응답)

• 불안	109건	(15.20%)
• 초조	77건	(10.74%)
• 우울증	75건	(10.46%)
• 공포	87건	(12.13%)
• 좌절감	42건	(5.86%)
• 모욕감	83건	(11.58%)
• 무기력	54건	(7.53%)
• 보복에 대한 두려움	53건	(7.39%)
• 대인기피증	21건	(2.93%)
• 자신감 상실	50건	(6.97%)
• 환상 · 환청	16건	(2.23%)
• 정신병초기증상	6건	(0.84%)
• 절망적 상태	33건	(4.6%)
• 기타	11건	(1.53%)
• 소계	717건	(100%)

폭력을 당한 결과로 나타나는 상처와 후유증, 구타의 방법 등은 이미 여러 조사를 통해 피해양상을 많이 드러내고 있다. 여기에서 폭력 이후 가지게 되는 공포, 불안 등과 함께 보복에 대한 두려움은 34.72%로 나타나 가정폭력에서 벗어날 수 없는 피해자들의 상황을 극명하게 보여준다.

현 가정폭력방지법에서는 신고나 고소가 되었을 때 피해자의 안전보다는 형식적인 처리절차에 머물고 있어 실질적으로 피해자가 자신이 안전하게 보호되고 있음을 느끼지 못하는 것이고 때문에 경찰에 신고하거나 고소하는 것을 꺼리게 되는 것이다. 따라서 신고를 받고 출동한 경찰관이 현장을 즉시 제지하고 격리하고 가해자를 즉각 체포하여 조사하는 것과 더불어 피해자의 안전을 위해 임시조치를 의무적으로 하도록 하는 것이 중요할 것이다.

구타의 내용(중복응답)		
• 물건을 던진다	119건	(15.16%)
• 떠밀거나 머리카락, 팔을 쥐고 흔든다	116건	(14.78%)
• 뺨을 때린다	111건	(12.61%)
• 차거나 물어뜯거나 주먹으로 때린다	99건	(12.61%)
• 물건으로 때리거나 때린다고 협박한다	78건	(9.94%)
• 마구 두들겨팬다(목조름 포함)	117건	(14.90%)
• 옷을 벗기고 때린다(가두어놓음 포함)	28건	(3.57%)
• 칼이나 흉기로 위협한다	83건	(10.57%)
• 칼이나 흉기로 찌르거나 때린다(담배불 포함)	25건	(3.18%)
• 기타	9건	(1.15%)
• 소계	785건	(100%)

사회적으로 가정폭력을 부부싸움 정도로 인식하는 사람들이 많지만 실제로 생명을 위협하는 폭력이 31.83%로 마구 두들겨 패거나 칼이나 흉기로 찌르거나 위협하는 등의 폭력을 당하고 있다. 집에 도둑이 들었을 경우에 흉기를 들으면 특수강도로 가중 처벌되는 현실을 감안한다면 가정폭력사건의 경우도 폭력의 정도에 따라 처벌의 수위를 달리하고 심각한 폭력의 경우는 반드시 가해자의 형사처벌과 피해자의 안전한 보호를 통해 가정폭력에 대한 다양한 대응 시스템을 만들어야 할 것이다.

구타 직후 배우자의 태도

• 사과하거나 친절함	48건	(25.53%)
• 모른척 함	28건	(14.89%)
• 당당하고 위협적임	82건	(43.62%)
• 성관계를 강요함	24건	(12.77%)
• 기타	6건	(3.19%)
• 소계	188건	(100%)

폭력과 함께 동반되는 학대에는 정서적인 폭력인 폭언 폭설이 40.91%로 위협(보복에 대한) 등이 구타와 함께 계속적으로 나타나는 것을 확인할 수 있으며, 특히, 강제적 성행위가 11.36%나 발생하는 것으로 조사되었고 구타 직후에도 12.77%의 성관계를 강요하는 태도가 나타남을 드러내고 있다. 폭력상황 하에서 일어나는 아내에 대한 성폭력에 대한 법적 장치가 필요함을 나타낸다. 현재 여성의전화연합을 포함한 여성단체들은 아내강간을 처벌할 수 있도록 법을 개정해야 한다는 논의가 진행중이다.

폭력 피해여성의 아동은 직접적인 피해자로서 지원해야

자신의 구타대상(중복응답)

• 자녀	87건	(56.49%)
• 시댁식구	20건	(12.99%)
• 친정식구	12건	(7.79%)
• 이웃	8건	(5.19%)
• 친구	11건	(7.14%)
• 기타	16건	(10.39%)
• 소계	154건	(100%)

가정폭력이 일어나는 가정에서는 비단 아내에 대한 폭력뿐만이 아니라 아동에 대한 폭력도 함께 일어난다. 자녀가 부모로부터 구타를 당하는 경우가 전체 비율 중 56.49%나 차지하고 있는데 이는 큰 문제가 아닐 수 없다. 그러나 현 가정폭력방지법에는 피해자를 직접적으로 피해를 입은 자로 규정을 하고 있고 아동의 경우 아동복지법에 의해 아동학대에 관한 내용이 있지만 실제 가해자를 처벌하는 데는 미흡하여 가정폭력 방지법상에서 피해자의 규정에 아동을 포함하도록 하고 실제적인 지원을 할 수 있도록 하는 것이 시급하다.

경찰이 가정폭력 대응의 핵심-경찰은 변하지 않았다.

신고시 경찰의 태도		
• 집안일이니 잘 해결하라고 하며 돌아갔다.	35건	(43.75%)
• 남편과 나에게 가정폭력방지법의 내용을 발하면서 조처를 취하였다.	5건	(6.25%)
• 법으로 해결하고 싶으면 고소하라고 했다.	29건	(36.25%)
• 즉시 출동하지 않거나, 아예 출동하지 않았다.	2건	(2.50%)
• 기타	9건	(11.25%)
• 소계	80건	(100%)

우리나라에는 가정폭력특례법이 있다는 것을 알고 있는 사람(50.76%)과 모르는 사람(49.64%)이 절반정도로 아직도 많은 사람들이 알고 있지 못한 실정이다. 특히, 남편을 경찰에 신고하더라도 집안일이니 잘 해결하라고 말하고 돌아갔다는 의견이 43.75%에 이르러, 경찰의 대응이 미진함을 확인할 수 있다. 게다가 경찰에 신고하지 못하는 이유로 신고해도 소용없다는 의견이 10%나 있으며, 남편의 보복이 두려워서가 약 32%를 차지하는 등 경찰에 신고를 하더라도 보호받지 못할 것이라는 인식이 지배적이다. 이는 가정폭력 근절에 오히려 장애가 되는 것으로서 경찰의 초기수사에의 적극성과 피해자보호, 경찰의 가정폭력에 대한 인식개선이 중요함을 알 수 있다.

폭력당한 후 그 사실을 상의하는 자		
• 아무하고도 상의하지 않는다	37건	(25.52%)
• 자녀와 상의한다	15건	(10.34%)
• 시댁식구와 상의한다	16건	(11.03%)
• 친정식구와 상의한다	38건	(26.21%)
• 친구(이웃)와 상의한다	25건	(17.24%)
• 의사와 상의한다	1건	(0.69%)
• 상담소에 가서 상의한다	11건	(7.59%)
• 기타	2건	(1.38%)
• 소계	145건	(100%)

상의한 상대방의 태도

• 폭력을 당할 행동을 하지 말라고 한다	3건	(2.75%)
• 참고 살라고 한다	33건	(30.28%)
• 대항하라고 한다	3건	(2.75%)
• 전문가와 상담하라고 한다	9건	(8.26%)
• 경찰에 고소하라고 한다	8건	(7.34%)
• 이혼, 별거를 권한다	48건	(44.04%)
• 기타	5건	(4.59%)
• 소계	109건	(100%)

주로 가정폭력을 당한 피해여성은 주위사람들과 상의하는 경우가 64.82%나 나타나, 사회적 인식의 제고가 다시 한번 필요함이 강조되어야 하며, 상담소에 가서 상의하는 경우는 7.59%로 좀더 각 상담소가 지원을 할 수 있도록 홍보와 지원이 이루어지도록 해야 할 것이다.

여성의 자립성을 확보해야한다.

남편에 대한 처벌을 원치 않는 이유

• 이혼할 의사가 없어서	4건	(5.41%)
• 보복이 두려워서	21건	(28.38%)
• 처벌이 미약하다 생각되어	2건	(2.7%)
• 아이들 때문에	29건	(39.19%)
• 남편이 전과자가 될까봐	1건	(1.35%)
• 남편이 사회적으로 매장당할까봐	9건	(12.16%)
• 기타	8건	(10.81%)
• 소계	74건	(100%)

남편에 대해 처벌할 의사가 없는 경우가 44.72%에 달하는데, 그 이유 중 가장 큰 문제는 역시 아이들(39.19%)이었다. 또한, 보복이 두려워서(28.38%)로 경찰의 피해자보호가 중요하며, 남편의 보복으로부터 자유로울 수 있는 구체적 대안이 마련되어야 할 것이다.

남편과 헤어지지 못하는 이유		
• 그래도 남편이 좋아서	1건	(0.80%)
• 언젠가는 나아지리라는 희망 때문에	29건	(23.20%)
• 남편이 불쌍해서	4건	(3.20%)
• 가족이나 친척의 만류로	3건	(2.40%)
• 자식을 빼앗길까봐	16건	(12.80%)
• 구타하는 남편에게 자식을 맡길 수 없어서	20건	(16.00%)
• 보복이 두려워서	15건	(12.00%)
• 이혼여성에 대한 사회적인 편견 때문에	7건	(5.60%)
• 경제적인 자립이 어려워서	10건	(8.00%)
• 기타	20건	(16.00%)
• 소계	125건	(100%)

상담을 해온 폭력 피해자는 대부분 상습적이고 지속적인 폭력을 당하는 상황이었으며 74.8%가 이혼을 원하고 있었다. 그러나 헤어지지 못하는 직접적 이유로는 '언젠가는 나아지리라는 희망 때문에(23.20%)로 나타났다. 또한, 보복이 두려워서가 12.00%로 나타나 남편의 보복으로부터 보호받을 체계적이고 안전한 지원체계가 마련되어야 함을 알 수 있다. 오히려 경제적 자립의 어려움은 8%에 불과하고 아이 문제가 28.8%로 나타나 피해여성을 지원할 때 아이 문제를 함께 고민해야 함을 알 수 있다.

가정폭력에 대한 철저한 사회적 개입을 위한 새로운 시도가 요구된다.

가정폭력 피해자의 폭력상황에 대한 설문을 통해 현재 운영되고 있는 가정폭력방지법의 문제와 그 대안을 주로 살펴보았다.

가장 중요한 점은 가정폭력 피해여성의 인권보호와 안전에 가정폭력방지법이 제대로 작동하고 있지 못히디는 점이 설문을 통해 확인되고 있다는 점이다.

남편의 구타가 사회적 범죄가 아니라 개인의 치부로 인식되고 가족주의적인 입장에서 가정폭력을 바라보면서 가족 내의 갈등으로 인식하는 한 가정폭력에 대한 사회적 개입에는 한계가 있다. 근본적으로 개인의 인권침해이며 가부장적인 사회에서의 테러라는 기본인식하에 가정폭력에 대응하는 여성의전화로서는 어쩌면 처음부터 가정폭력에 대한 논의를 시작해야 하는 중대한 시점에 놓여 있다고 생각한다.

따라서 가정폭력방지법의 전면적인 개정과 함께 가정폭력에 대응하는 전체적인 시스템에 대한 고민을 통해 여성의 인권을 향상시킬 수 있는 정책을 개발해야 할 것이다.

도움이 필요한 가족

장애인이 있는 가족

가족 이야기 (다운증후군의 아이를 키우고 있는 가까운 친척에게서 받은 편지)

누구나 마찬가지겠지만 나 역시 첫 아이를 낳고, 온 세상을 다 얻은 듯이 기뻤어. 그런데 그 아이가 다운증후군이라는 것을 아는 데는 얼마 걸리지 않았지.

그 때는 정말 다운증후군이 도대체 무엇인지도 몰랐고, 우리에게 이러한 일이 생기리라고는 꿈에도 몰랐어. 의사선생님은 우리 지영이가 그저 제 앞가림 정도만 할 수 있다면 다행이라고 했어. 우리는 제 정신을 차릴 수가 없었고 그냥 눈앞이 캄캄해졌던 것 같다.

그리고 한동안은 그저 막막하기만 한 나날을 보냈었지. 하지만 우리 아이의 인생이 전적으로 부모에게 달렸다는데… 내가 정신을 차리지 못하면 우리 아이의 장래도 없다는 현실이 정신을 번쩍 들게 하더군. 그 후 아이를 위한 정보를 수집하고 다운증후군 센터, 부모모임 등에도 관심을 갖고 보니, 주변에 나와 비슷한 사람들이 많다는 걸 알게 되었어. 아이가 기관지와 폐의 기능도 약해서 늘상 감기 걸리고 여기저기 잔병치레가 많지만 다른 아이 한번 가르칠 때 열 번 스무 번 가르치고 사랑해주며 키우려 노력하고 있다.

학교는 지난번에 특수학교로 옮겼어. 아이들에게 놀림을 당해 아이도 힘들어 하고, 학교에서도 지영이를 감당하기 힘들어 해서… 민영이도 어릴 때는 누나 때문에 스트레스를 많이 받는 것 같았지만 크면서 어느 정도 극복하는 것 같아 다행스럽게 생각해.

아직 우리 사회가 장애인을 보는 시선이 자연스럽지 못하고 일상생활을 편하게 살기에는 멀은 것 같지만, 걱정스러운 마음으로 내 생명이 다하는 동안 지켜주려 한다.

불편한 짐을 지고 사는 사람들에게 조금이나마 더 희망적인 사회가 되었으면 한다.

(울산에서)

태어나면서부터 정신지체인 아들을 키우고 있습니다. 전혀 말도 못하고 대소변도 가리지 못하여 누군가는 하루 종일 옆에서 지켜봐야 하고 몸이 불편해서인지 잠도 제대로 자지 못해 아이 아빠도 사회생활이 힘들 정도로 몹시 피곤해 합니다. 10여 년을 살다보니 너무 힘들고 살기조차 싫어 도움을 청합니다. 아이들이 크면서 경제적 어려움이 점점 더해져만 가서 저 또한 일을 가져야 하는데 아이 때문에 아무것도 못하고 있으니 생활이 너무 비참해지네요. 마음은 이루 말할 수 없이 아프지만 아이를 맡길 좋은 곳을 찾아야 할 것 같습니다.

(한국정신지체인 애호협회)

제 동생이 19세 때 정신병을 앓고 한동안 병원에서 치료를 받다가 병원비가 너무 부담스러워 부모님께서 더 이상의 치료를 포기하고 집에 방치한 지가 10년이 넘었어요. 이젠 아버지도 돌아가시고 늙으신 엄마와 오빠가 있는데 오빠도 소아마비라는 장애가 있어 취업이 잘 안되어 지금은 엄마에게 얹혀살고 있습니다. 엄마가 돌아가시고 나면 제 동생의 처지가 걱정이 됩니다. 제 동생이 장애자 카드를 발급 받으려 하니까 다시 병원에 다니면서 6개월 이상 치료를 받아야 한다는데… 병원비 부담 때문에 어떻게 해야 할지 걱정입니다.

(한국정신지체인 애호협회)

꽃들에게 희망을 전하는 이야기 ("나의 '말아톤'은 피아노" 밀알콘서트에서 연주하는 자폐아 은성호씨)

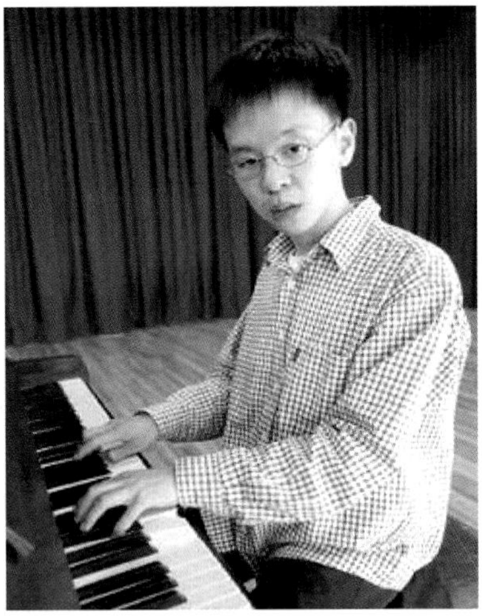

"페달을 밟아야지. 박자는 좀 빠르게 하나 둘 셋 넷." 화창한 봄 날씨를 보인 25일 경기도 안산 성포동의 한 아파트. 빠른 선율로 아파트 전체를 가득 채우던 베토벤의 월광 소나타 3악장의 연주가 끊기고 최란(35 · 여) 선생님의 목소리가 터져 나왔다. 뒤이어 "박자는 빠르게, 박수치며 하나 둘 셋 넷"이라며 되뇌는 앳된 목소리가 들린 후 다시 소나타가 시작됐다.

이번에는 한군데도 틀린 곳 없이 6분 30여 초 만에 연주가 끝났다. 연습 후 처음으로 중단없이 한 곡의 연주가 끝난 것이다.

피아노 연습의 주인공은 26일 장애인과 비장애인이 함께 하는 '밀알콘서트'에서 10분간 피아노 공연을 할 예정인 은성호(21) 씨. 영화「말아톤」의 주인공 '초원이'처럼 발달장애를 가진 자폐아이다.

은씨가 자폐증세를 보이기 시작한 것은 생후 20개월쯤. 15개월쯤부터 말을 하던 은씨는 점차 말을 잃어갔고 20개월쯤 되자 눈도 마주치지 않고 단 한마디의 말도 하지 않기 시작했다. 어머니 손민서(48) 씨는 은씨의 자폐증이 자신 때문이라며 한숨을 쉬었다. 손씨는 "출산 한 달 전쯤 친정아버지가 돌아가셔서 한 달 내내 울고 지냈다."면서 "병원에서 행복하지 않은 임산부에게서 자폐아가 나올 확률이 훨씬 높다는 말을 듣는 순간 하늘이 무너져 내리는 기분이었다."고 말했다.

이후 손씨는 아들을 사회에 적응시키기 위해 육상, 마라톤, 음악 등 시켜보지 않은 것이 없다. 다행히 음악수업 도중 은씨가 피아노 앞에 앉아 연신 무언가를 눌러대는 것을 보고 선생님이 권유했던 것이 피아노를 가까이하게 된 계기가 됐다.

은씨는 악보를 볼 수 있게 되면서부터 천부적인 음악적 재능을 드러냈다. 서울 온누리 장애우 음악교실에서는 바이올린 주자로 활동하고 있고, 정신지체 특수학교인 한국선진학교에서는 클라리넷과 마림바(아프리카계의 목제 실로폰) 연주 실력을 뽐낸다.

지도교사 최씨는 "한 번 들은 영화 · 드라마 음악을 악보도 없이 치거나 대학생도 하기 힘든 조옮김 등을 막힘없이 한다."면서 "가끔 음대생들보다 더 나을 때가 있다고 느낀다."고 말했다.

손씨는 "유치원 선생님부터 한 분도 빠지지 않고 이름을 기억하고 있는 성호가 자신을 돌봐준 모든 선생님들 앞에서 보은의 콘서트를 열 수 있으면 정말 행복할 것"이라며 웃었다.

[출처 : 국민일보, 2005년 4월 25일]

장애인 복지의 필요성에 대한 의견

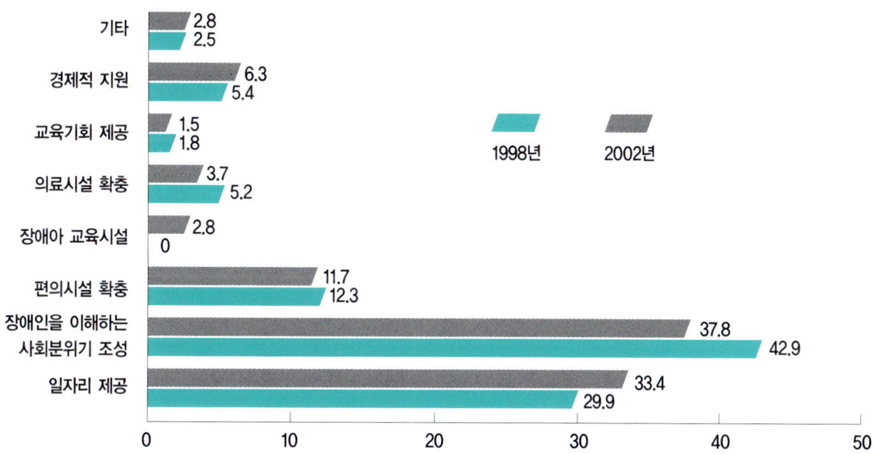

[출처 : 통계청, 사회통계조사보고서]

통계청에 의하면, '장애인을 위한 복지의 필요성에 대한 의견' 으로는 장애인을 이해하는 사회분위기 조성이 절실하다는 의견이 가장 높게 나타났으며, 1998년에 비하여 2002년에 조사된 결과에서는 일자리 제공에 대한 필요성이 상대적으로 크게 증가했다.

실제로 1995년과 2000년의 장애인 취업비율은 크게 다르지 않는데 취업희망은 1995년에 비하여 2000년에 취업희망 비율이 2배 이상 증가하였다고 한다. 연령별로는 20대에서 50대가 취업희망률이 가장 높았고, 특히 60대 이상 고령자의 취업희망비율은 1995년에 비하여 2000년에 3배 이상으로 크게 증가한 것으로 나타났다.

따라서 장애인에 대한 복지정책의 지속적 개선이 필요하며, 그보다 더 중요한 것은 결과에도 나왔듯이 더 이상 장애인을 사회 이면의 존재로 바라보지 말고 함께 할 동료로 맞이해야 할 것이다. 또한 그들이 사회의 노동현장으로 적극적으로 나올 수 있게 해주고, 스스로 자립할 수 있는 여지를 제공해야 한다. 즉, 우리 모두가 함께 일할 수 있도록 그들의 자리를 우리 옆에 마련해 주는 것이 절실하다.

장애인 복지 정책은 얼마나 마련되어 있을까

어떤 경우 장애인으로 등록할 수 있는가?

- 지체장애 : 절단장애, 관절장애, 지체기능장애, 변형 등의 장애
- 뇌병변장애 : 중추신경의 손상으로 인한 복합적인 장애
- 시각장애 : 시력장애, 시야결손장애
- 청각장애 : 청력장애, 평해기능장애
- 언어장애 : 언어장애, 음성장애
- 신장장애 : 투석치료중이거나 신장을 이식받은 경우
- 심장장애 : 일상생활이 현저히 제한되는 심장기능 이상
- 정신지체 : 지능지수가 70 이하인 경우
- 정신장애 : 정신분열증, 분열정돈장애, 양극성정돈장애, 반복성우울장애
- 발달장애 (자폐증) : 소아자폐 등 자폐성장애

장애판정(등록) 시기는 언제인가?

- 지체, 시각, 청각, 언어, 정신지체, 뇌병변장애 ; 장애원인발생 6개월 이후
- 정신지체, 심장장애 ; 장애원인발생 1년 후
- 발달장애(자폐증) : 전반성 발달장애(자폐증)이 확실해진 시점
- 신장장애 : 1개월 이상 지속적으로 혈액투석 또는 복막투석치료를 받고 있는 사람 또는 신장을 이식받은 사람

장애인 등록의 절차는 어떠한가?

① 관할 읍 · 면 · 동사무소에 장애인등록신청서를 제출한다.
② 읍 · 면 · 동사무소 또는 장애인 본인이 검진기관에 장애진단을 의뢰한다.
③ 검진결과를 통보받는다.
④ 읍, 면, 동사무소에서 등록자료를 조폐공사에 전송하여 장애인등록증(복지카드)을 교부받는다.

장애인 복지 정책에는 어떤 것들이 있는가?

- 장애인 등록 진단비 지원 – 국민기초생활보장수급자로서 일반장애는 1만 5천원, 정신지체 및 발달장애는 4만원 지원된다.
- 장애수당 – 국민기초생활보장법상의 수급자로서 장애등급이 1, 2급(다른 장애가 중복된 3급 정신지체인 및 발달장애인 포함)인 중증 장애인은 1인당 월 6만

원, 장애등급이 3~6급인 경증장애인은 1인당 월 2만원 지급된다.

- 장애아동 부양수당 및 장애인 자녀 교육비 지원
- 장애인 자립자금 대여 – 가구당 1500만원 이내이며 이자는 4%
- 장애인 재활보조기구 무료 교부(읍 · 면 · 동에 신청)
  - 욕창방지용 매트 : 1~2급 지체 · 뇌병변 · 심장장애인
  - 음향신호기의 리모콘과 음성탁상시계 : 시각장애인
  - 휴대용 무선신호기 : 청각장애인
  - 자세보조용구 : 뇌병변장애인, 근육병등 지체장애인 1, 2급
- 자동차 관련 지원
  - 승용자동차에 대한 특별소비세 면제
  - 등록세 · 취득세 · 자동차세 면제(시 · 군 · 구청 세무과에 신청)
  - 고속도로 통행료 감면
  - 장애인용 LPG 연료 세금인상액 지원 – 월 250l 지원
  - LPG 연료사용차량을 구입하여 등록 또는 휘발유 사용차량을 구입하여 구조변경 가능(시 · 군 · 구 차량등록기관에 신청)
- 장애인 의무 고용
  - 국가 · 지방자치단체 : 소속 공무원 정원의 2% 이상 의무고용
  - 50인 이상 고용사업주 : 상시 근로자의 2% 이상 의무고용
- 기타 세금 감면 – 관할 전신전화국에 신청하여 전화요금을 할인받을 수 있으며, 인터넷, 이동통신 요금, 전기요금도 할인받을 수 있으며, 시 · 청각 장애인은 TV 수신료를 면제받는다(KBS사업소 또는 관할 한전지점에 신청).
- 기타 철도요금(KTX, 새마을호, 무궁화호, 통근열차는 50%, 지하철이나 전철은 100%), 고궁, 국 · 공립박물관 및 미술관, 국 · 공립공원, 국 · 공립공연장, 공공체육시설 요금, 공영주차장 주차요금을 감면받으며, 항공, 여객선 요금과 고속도로 통행료도 할인받는다.
- 대한법률구조공단에 신청하여 무료 법률 구조제도를 이용할 수 있다(상담무료전화 132, http://www.klac.or.kr).

▷ 장애인과 그들을 돌보는 가족의 상황에 대한 이야기를 책이나 신문, 인터넷 등에서 모으자. 그리고 그들을 돕는 사람으로서의 좋은 모습과 행동에는 어떤 것들이 있는지 생각해 보자.

▷ 다음의 상황은 당사자인 개인, 그리고 가족의 생활에 어떤 영향을 미치는지 생각해보자.

- 경민 씨는 사고로 오른손 손가락 두 개를 잃었다.
- 효림이는 아기 때 고열로 인하여 청력을 잃었다.
- 철희씨는 태어나면서부터 앞이 보이지 않는 시각장애인이다.
- 문주씨는 뇌성마비이다. 그래서 휠체어에 의지하여 다니며 오로지 눈동자의 움직임만으로 의사소통을 한다.

▷ 자신의 장애를 극복해가며 사는 사람에 대한 자료를 찾아 읽어보자. 그리고 그들의 장애를 극복하도록 도운 요소들을 찾아보자.

장애를 가진 사람들을 돌보아야 하는 이유는 무엇인가?
장애인의 복지를 위한 여러 가지 법을 마련해야 하는 이유는 무엇인가?
장애인 복지를 위한 법에는 어떤 것들이 있는지 인터넷을 통하여 찾아보자.
장애인을 위한 법이 없다면 사회는 어떻게 될까?

▷ 다음 각 사이트를 찾아가 살펴보고 장애인에 대한 이해를 넓혀가자. 그리고 장애인을 위한 자원봉사활동에 참여해보자.

- 한국 장애인재활협회 http://ksrpd.freeget.net/default.php
- 한국정신지체인 애호협회 http://www.kamr.net/
- 한국장애인고용촉진공단 http://www.kepad.or.kr/
- 한국장애인복지진흥회 http://www.kowpad.or.kr/
- 국립재활원 http://nrc.go.kr/
- 한국지체장애인협회 http://www.kappd.or.kr/
- 한국시각장애인연합회 http://www.kbuwel.or.kr/Home.aspx
- 청각장애인전문포털 http://www.kdeaf.or.kr/
- 한국장애인복지시설협회 http://www.kawid.or.kr/

장애인 인권 헌장

장애인은 인간의 존엄과 가치를 가지며 행복을 추구할 권리를 가진다. 장애인은 건전한 사회 구성원으로 책임 있는 삶을 살아가며 자신의 능력을 계발하여 자립하도록 노력하여야 한다. 국가와 사회는 헌법과 국제연합의 장애인권리선언의 정신에 따라 장애인의 인권을 보호하고 완전한 사회참여와 평등을 이루어 더불어 살아가는 사회를 만들기 위한 여건과 환경을 조성하여야 한다.

1. 장애인은 장애를 이유로 정치 · 경제 · 사회 · 교육 및 문화 생활의 모든 영역에서 차별을 받지 아니한다.
2. 장애인은 인간다운 삶을 영위할 수 있도록 소득 · 주거 · 의료 및 사회복지서비스 등을 보장받을 권리를 가진다.
3. 장애인은 다른 모든 사람과 동등한 시민권과 정치적 권리를 가진다.
4. 장애인은 자유로운 이동과 시설이용에 필요한 편의를 제공받아야 하며, 의사 표현과 정보 이용에 필요한 통신 · 수화통역 · 자막 · 점자 및 음성도서 등 모든 서비스를 제공받을 권리를 가진다.
5. 장애인은 자신의 능력을 계발하기 위하여 장애 유형과 정도에 따라 필요한 교육을 받을 권리를 가진다.
6. 장애인은 능력에 따라 직업을 선택하고 그에 따른 정당한 보수를 받을 권리를 가지며, 직업을 갖기 어려운 장애인은 국가의 특별한 지원을 받아 일하고 인간다운 생활을 보장받을 권리를 가진다.
7. 장애인은 문화, 예술, 체육 및 여가활동에 참여할 권리를 가진다.
8. 장애인은 가족과 함께 생활할 권리를 가진다. 장애인이 전문시설에서 생활하는 것이 필요한 경우에도 환경이나 생활조건은 같은 나이 사람의 생활과 가능한 한 같아야 한다.
9. 장애인은 사회로부터 분리, 학대 및 멸시받지 않을 권리를 가지며, 누구든지 장애인을 이용하여 부당한 이익을 취하여서는 안된다.
10. 장애인은 자신의 인격과 재산의 보호를 위하여 필요한 법률상의 도움을 받을 권리를 가진다.
11. 여성 장애인은 임신, 출산, 육아 및 가사 등에 있어서 생활에 필요한 보호와 지원을 받을 권리를 가진다.
12. 혼자 힘으로 의사결정을 하기 힘든 장애인과 그 가족은 인간다운 삶을 영위하기 위하여 필요한 지원을 받을 권리를 가진다.
13. 장애인의 특수한 욕구는 국가정책의 계획단계에서부터 우선 고려되어야 하며, 장애인과 가족은 복지증진을 위한 정책결정에 민주적 절차에 따라 참여할 권리를 가진다.

가족과 관련된 법과 상식

호주제 폐지 이후, 무엇이 달라지나요?

"가족의 행복, 호주제가 아니라 「사랑」입니다."

헌법재판소의 호주제 헌법불합치 결정에 이어 호주제 폐지를 뼈대로 한 민법개정안이 통과됨에 따라 우리 생활에도 큰 변화가 예상된다. 호주제 폐지로 인해 우리 사회는 어떤 변화들이 일어날까?

가부장적 가족문화에서 평등한 가족문화로

부계혈통주의의 호주제가 폐지되면 호주와 가족을 구분하던 법적 개념이 사라지고, 호주제로 인해 법적, 사회적으로 2차적 존재에 머물러 있던 우리 사회의 어머니, 아내, 딸들인 여성의 인권이 제자리를 찾게 된다. 또한 수직적이고 차별적인 가족관계에서 평등하고 민주적인 혼인관계 및 가족관계로 변화하게 될 것이다. 이처럼 호주제 폐지는 존엄한 개인이 사랑과 신뢰로 이루어진 평등하고 민주적인 가족구성원이 된다는 의미를 지닌다.

이젠 함께 살면 처가도 가족입니다.

현행법에 의하면 호주를 기준으로 호주의 배우자, 혈족과 그 배우자 기타 민법의 규정에 의하여 그 가(家)에 입적한 자를 가족으로 하지만, 민법개정안이 통과되면 배우자, 직계혈족 및 형제자매 그리고 생계를 같이하는 직계혈족의 배우자, 배우자의 직계혈족, 배우자의 형제자매로 그 범위가 확대된다. 따라서 그동안 배제되었던 같이 생활하는 며느리와 사위, 장인, 장모, 처남, 처제까지 가족에 포함된다. 또한 호주 대신 본인을 기준으로 하기 때문에 양성평등하게 가족의 범위가 정해진다.

'시댁'과 '친정', 구별 없이 모두가 한 가족

결혼한 여자는 친정과 결별이자 시가의 일원이 된다는 출가외인 인식과 가족관계에서의 시댁과 친정이라는 이분법적 구분과 차별이 점차 사라질 것이다. 이는 동등한 가족문화를 형성하는 데도 큰 기여를 할 것으로 기대된다.

우리나라는 여성과 남성 모두가 평등한 나라

호주제가 폐지되면 가장 먼저 가정과 직장에서의 변화된 모습이 기대된다. 호주제에 의한 가족 내에서의 남성의 우월적 지위, 여성의 종속적 지위라는 전래적 여성상 등 성역할에 관한 고정관념에 기초한 차별이 점차 사라짐으로써 직장과 가정에서의 남성우위의 사회적 풍토가 개선된다.

여성은 어려서는 아버지(오빠 또는 남동생)의 가(家)에, 결혼을 하면 남편의 가(家)에, 늙어서는 아들의 가(家)에 귀속토록 하는 여성의 열등적 지위(삼종지도)가 사라지고, 개개의 독립적 인격체로서의 모습과 인식이 형성될 것이다.

딸만 낳아도 대가 끊어지지 않아요.

자녀가 부모의 양계혈통을 잇는 존재라는 자연스러움과 과학적인 순리에 의한 인식이 확산되어 딸만 둔 가정의 경우, 대가 끊긴다는 강박관념에서 벗어날 수 있다.

이혼 · 재혼 가정의 아이들도 이제 웃을 수 있습니다.

현행 민법에서는 어머니가 자녀의 친권과 양육권을 가지고 이혼하더라도 호적상으로는 이혼한 어머니와 자녀는 가족이 아니었다. 그러나 새로운 법에 따라 이혼한 여성도 자녀와 부모관계를 인정받게 된다. 따라서 이혼가정 및 재혼가정의 경우 현재의 가족생활대로 법률적 가족관계를 형성함으로써 법률과 현실의 조화가 이루어져 그동안 비정상적으로 취급받던 형태가 사라질 것이다. 또 새로운 신분등록부에는 신분변동사항은 본인의 것만 기재되고, 부모 등 가족의 신분변동사항은 기재되지 않는다. 따라서 부모의 이혼, 재혼 등 사실 여부가 기재되지 않고 사회적 편견으로 인한 불이익을 받지 않는다.

성 변경 가능해요, 그러나 무조건 인정하지는 않습니다.

자녀의 복리를 위하여 성과 본을 변경할 필요가 있을 때에는 아버지, 어머니, 또는 자녀의 청구에 의하여 가정법원의 허가를 받아 바꿀 수 있게 된다. 성을 변경할 여지는 인정되지만, 가정법원의 엄격한 판단에 의하여 허가를 받아야만 가능하다. 예를 들면 친아버지로부터 성폭행을 당해 자녀가 아버지의 성을 쓰기를 거부한 경우 등이 이에 해당한다.

형제 · 자매의 성(姓), 달라지지 않아요.

혼인신고 때 아버지 성 또는 어머니 성으로 쓰기로 결정되면 그 부모에게서 출생한 자녀는 결정된 하나의 성을 쓰게 되어 형제자매간은 통일된 성을 쓰게 된다. 처음에는 아버지의 성을 쓰다가 중간에 어머니의 성으로 바꾸기는 불가능하지만 특별한 사유가 있는 경우에 한하여 가정법원의 허가를 얻으면 변경이 가능하다. 또 아버지가 혼인외의 자를 인지한 경우에도 자녀는 아버지의 성을 따르지 않을 수 있다. 현행법상 어머니의 호적에 올리고 어머니의 성을 따르던 혼인외의 자를 아버지가 인지하게 되면 아버지의 호적으로 옮겨지고 성도 아버지의 성을 따라야 했으나, 호주제가 폐지되면 부모의 협의에 의하여 자녀가 종전의 성과 본을 계속 사용할 수 있게 된다. 그러나 협의가 이루어지지 않은 경우에는 법원의 허가를 받아 인지하기 전의 성과 본을 사용할 수 있다.

새아버지 성(姓)을 따를 수 있어요.

현행법상 자녀는 반드시 친아버지의 성을 따르게 되어 재혼가정에서 아내의 전혼자녀는 새아버지와 성이 달라 학교생활 등에서 소외감을 느끼는 등 자녀복리의 저해요인이 되었다. 하지만 호주제가 폐지되면 재혼부부는 법원의 허가를 받아 자녀에게 새아버지의 성을 줄 수 있어 그동안의 불편함이나 사회적 편견이 해소될 것이다.

어머니의 성(姓) 따를 수 있지만 아버지의 성(姓) 따르기가 원칙

혼인신고 때 어머니의 성과 본을 따르기로 협의하면 어머니 성을 쓸 수 있게 된다. 그러나 기재하지 않고 그냥 두면 부성원칙주의에 따라 아버지의 성을 따르게 된다. 따라서 어머니 성을 따르려면 혼인신고 때 꼭 결정해야 한다.

호적은 사라지지만 족보는 사라지지 않아요.

호적이 사라지고 자신의 신분변동사항과 부모, 배우자, 자녀의 인적사항이 기록되는 본인 기준의 가족기록부가 만들어진다. 족보는 문중의 가계(家系)를 기록하는 사적인 기록부이므로 호주제가 폐지되고 새로운 신분등록부가 호적을 대체하더라도 족보와는 전혀 관련이 없는 것이다. 따라서 호주제를 폐지한 이후에도 원하는 문중은 족보를 계속 기록, 보관하면 된다.

가족과 관련된 법과 상식

알기 쉬운 가족폭력 방지법

• 가족폭력방지법은 부부간 폭력, 아동학대, 노인학대 등 가정폭력범죄를 형사 처리가 아닌 가정보호사건으로 처리하여 이에 대해 보호처분을 할 수 있게 한 법이다. 사실상 혼인관계에 있는/있었던 부부를 비롯해 배우자, 전배우자, 부모, 자녀, 형제자매와 동거하는 친족도 가정폭력방지법의 혜택을 받을 수 있다.

• 가정폭력 범죄를 신고 받은 경찰은 즉시 폭력장소에 출동하여 폭력을 제지, 중단시키고 수사를 개시하는 한편 피해자를 가정폭력 상담소나 보호시설에 인도해주고 긴급치료가 필요한 경우 의료기관에 데려다 주어야 한다.

• 가정폭력의 수사 또는 재판 중에 피해자를 보호할 필요성이 있는 경우, 법원은 가해자에게 피해자 또는 가족이 거주하는 주거/방으로부터 퇴거시키거나 피해자의 집/직장 등에서 100미터 내 접근금지, 의료기관 기타 요양소에의 위탁, 경찰서 유치장 또는 구치소에 유치 등을 할 수 있다.

• 법원은 가해자가 피해자에게 접근하는 행위 및 피해 자녀에 대한 친권행사를 6개월 이내에서 제한할 수 있으며, 접근금지 또는 친권행사를 제한 받은 가해자가 이를 위반할 경우에는 2년 이하의 징역 또는 2천만 원 이하의 벌금 또는 구류에 처한다. 이러한 법원의 보호처분을 이행하지 않을 경우 법원은 보호처분을 취소하고 사건을 검사에게 송치하여 형사사건으로 처리할 수 있다.

• 가정폭력에 대해 경찰에 신고했다고 해서 이혼이 되는 것은 아니다. 그리고 가정폭력 범죄로 신고 되더라도 모두 형사처벌을 받아 전과자가 되는 것은 아니며 가정보호사건으로 처리되는 경우에도 건과기록은 남지 않는다.

• 누구든지 가정폭력범죄를 달게 된 때에는 수사기관에 신고할 수 있으며, 가정폭력범죄를 수사하는 사법 경찰관리에게 그 직무상 알게 된 비밀을 누설할 수 없는 비밀 엄수의 의무가 있으므로 신고자의 신분이 노출되지 않는다.

가족과 관련된 법과 상식

청소년 보호법

청소년의 건전한 육성 · 보호를 위해 제정한 법률

(본문)

청소년에게 유해한 매체물과 약물 등이 청소년에게 유통되는 것과 청소년이 유해한 업소에 출입하는 것 등을 규제하고, 폭력 · 학대 등 청소년유해행위를 포함한 각종 유해한 환경으로부터 청소년을 보호 · 구제함으로써 청소년이 건전한 인격체로 성장할 수 있도록 함을 목적으로 하는 법률이다(1997. 3. 7, 법률 제5297호).

이 법에서 '청소년'이라 함은 19세 미만의 자를 말한다. 청소년에 대하여 친권을 행사하는 자 또는 친권자를 대신하여 청소년을 보호하는 자, 사회 및 국가, 지방자치단체는 청소년이 청소년유해매체물과 청소년유해약물 등 및 청소년유해업소 · 청소년폭력 · 학대 등에 접촉이나 출입을 못하도록 필요한 노력을 하여야 하며, 청소년이 유해한 매체물과 유해한 약물 등을 이용하고 있거나 유해한 업소에 출입하고자 하는 때에는 이를 즉시 제지하여야 한다.

청소년유해약물이라 함은 술, 담배, 향정신성의약품관리법의 규정에 의한 향정신성의약품, 마약, 대마, 환각물질, 기타 중추신경에 작용하여 습관성 · 중독성 · 내성 등을 유발하여 인체에 유해작용을 미칠 수 있는 약물 등으로 대통령령이 정하는 기준에 따라 청소년보호위원회가 결정하여 고시한 것을 일컫는다.

정소년유해매체물은 음반 및 비디오물에 관한 법률의 규정에 의한 음반 및 비디오물을 비롯해 기타 청소년의 정신적 · 신체적 건강을 해칠 우려가 있다고 인정되는 것으로서 대통령령이 정하는 매체물을 가리키며, 이를 청소년을 대상으로 판매 · 대여 · 배포하거나 시청 · 관람 · 이용에 제공할 수 없다.

청소년유해업소의 업주는 청소년을 고용해서는 안 되며, 청소년 출입 · 고용 금지업소의 업주 및 종사자는 출입자의 연령을 확인하여 청소년이 당해 업소에 출입하거나 이용하지 못하게 해야 한다. 지방자치단체는 청소년보호를 위하여 필요하다고 인정할 경우 청소년에게 정신적 · 신체적 건강을 해칠 우려가 있는 구역을 청소년통행금지구역 또는 청소년통행제한구역으로 지정해야 한다.

이 법의 규정에 의한 청소년보호업무를 수행하기 위하여 문화관광부 장관 소속하에 청소년보호위원회를 둔다. 청소년보호위원회는 위원장 1명을 포함한 13명 이내의 위원으로 구성되며 청소년유해매체물에 대한 심의, 수거, 파기, 시정명령 및 과징금 부과 등의 권한이 부여된다.

전문 56조와 부칙으로 되어 있다.

가족과 관련된 법과 상식

가족을 기본 대상으로 하는 제도

국민기초생활보장법은 전 국민의 최소한의 삶의 질을 보장하는 법이다. 즉, '빈곤한 사람' 의 재산과 소득 정도를 조사하여 최저생계비에 미달할 경우, 미달하는 액수를 국가에서 현금으로 보충해주는 제도이다.

국민기초생활보장법은 가족보호 우선 원칙을 따르고 있기 때문에, 빈곤한 개인은 일차적으로 가족의 부양을 먼저 받아야 한다. 이 가족이라는 것은 2005년 7월부터 수급권자(수급권자는 위법에 의한 급여를 받을 권리가 있는 사람)의 1촌의 혈족 및 그 배우자, 생계를 같이 하는 2촌 이내 혈족으로 하여 법을 시행하게 된다. 부양의무자가 부양능력이 없을 경우에는 수급권자가 국가의 지원을 받을 수 있다.

[사례 1]

고등학교 1학년인 강군은 외할아버지, 외할머니와 함께 살고 있다. 강군의 어머니는 젊은 나이에 강군의 아버지를 만나 혼인을 하기 전에 먼저 강군을 낳았고, 혼인신고를 한 이후 부부폭력과 이혼이라는 흔한 절차를 밟고, 강군의 어머니가 벌이를 위해 집을 떠나며 강군은 외할아버지 댁에 맡겨지게 되었다. 강군의 외조부모는 일반수급자로 의료보호 1종의 혜택을 받고 있다. 그러나 주민등록상 같은 세대로 되어 있는 강군은 노동능력이 있는 친부가 생존해 있다는 이유로, 수급대상자에서 제외되었다. 3인 가족인 강군의 가족은 2인 분의 생계비를 받고 있고, 고교생인 강군에게 들어가는 교육비가 만만치 않음에도 교육급여를 받을 수 없어 오래 전에 이 가족을 떠난 강군의 아버지만을 원망하고 있다.

[사례 2]

외아들을 두고 있는 김모 씨(여, 70세)의 손자(남, 1세)는 선천성 심장질환으로 생후 10개월이 되어가는 지금까지 2번에 걸친 큰 수술을 받았습니다. 김씨의 아들은 실직상태로 천만원이 넘는 의료비를 감당할 수 없는 상황이었기에, 전세로 살던 집을 빼서 가족과 함께 김씨 집으로 임시로 이사를 했습니다. 김씨는 아들이 손자의 의료비 문제로 피가 마르는 것을 보다 못해 손자만을 자신의 주소지에 전입신고를 하려고 했지만, (수급자 할머니는 일반건강보험이 아닌 의료보호를 받아서, 저렴한 가격으로 병의원을 이용할 수 있으므로) 손자가 전입을 해 와도 노동 가능한 건강한 친부가 부양의무를 지고 있기 때문에, 의료보호를 받을 수 없다는 사회복지전담공무원의 답을 들을 뿐이었다.

의료와 교육. 인간이 인간답게 살기 위해 필수적으로 보장되어야 할 기초적인 조건들을 가족이 책임져야 하는 것도 현행 복지제도의 취약점이라면 취약점이다. 그러나 무상의료 무상교육이라는 급진적인 구호를 들지 않더라도, 위와 같은 상황에서 '부양의무자' 에게 지워지는 부담, 부양의무자의 존재로 인해 실제로 지원이 필요한 사람이 서비스를 받을 수 없는 것은 비합리적이라 하지 않을 수 없다.

여성에게 양날의 칼로 작용하는 복지제도

"어설픈 자녀가 있는 것보다는 혈혈단신이 낫다." 지역사회복지관의 실무자들이 가끔 입 밖으로 내뱉게 되는 말이다. 각종 노인성 질환으로 병원을 화장실 드나들 듯 해야 하는 할머니와 무기력증에 빠져 칩거하거나 장애로 구분되지 않는 신체적 정신적 질환을 갖고 있는 자녀. 그러나 노동 가능한 연령의 신체 건강한 자녀와 동거한다는 이유로, 할머니는 복지서비스에서 항상 차선으로 밀린다.

대부분의 사회복지서비스에서 기본적인 수혜단위가 '가족'이 되기 때문에, 현장까지 전달되는 복지정책이라는 것의 본질은 대부분 가족 기능을 '강화, 보완, 대체' 하기 위한 것들이다. 구조기능주의적인 관점에서, 사회에서 담당해야만 하는 가족의 기능이 취약하거나 완전히 손실됐을 때 이를 회복시켜 주거나 대신 해주기 위한 개입이 이루어지는 것이다.

가족이 제 기능을 다할 때 사회가 원활히 돌아가고 유지될 수 있다는 가정하는 것은 가족 내에서, 또는 가족과 외부환경과의 상호작용 중에 발생하는 많은 문제들을 가족의 역기능적인 차원에서 해석하고 있다. 또한 정체가 불분명하거나, 도저히 존재할 수 없는 '건강가족', '정상가족'을 가족의 표본으로 놓고 가족의 기능 – 노인 및 아동 부양의 기능, 심리정서적 지지의 기능, 노동력 재생산의 기능 등을 다 할 것을 강요하고 있다. 이런 측면에서 고령화 사회에 대한 가장 확실한 대비책, 출산을 장려하고 자녀양육에 대한 국가의 책임을 인정하는 아동수당은 여성복지에 양날의 칼로 작용할 수 있다. 자녀를 낳지 않을 여성의 권리는 국가에 의해 보호받을 수 없기 때문이다.

'가족' – 가장 개인적으로 가장 사회적으로 다루어지는, 골치 아픈 그 무엇. 이 가족은 사랑의 응집체이기 때문에 이 사랑이라는 신비한 감정으로 문제를 스스로 해결할 수 있고, 또 그래야 하기에 사회제도라는 거시체계가 깊숙이 개입하는 것은 적절치 못하다고들 한다.

한두 살 차이의 올망졸망한 일곱 자녀가 매일 어머니를 폭행하는 아버지를 보며 자라는 환경에서, "그래도 집에 아버지가 없는 것보다는 낫지 않겠어요?"라는 말이 어떤 의미를 가지는지. 아이들에게는 아빠가 필요하다는 믿음으로 조치를 거부하던 어머니 이모 씨는 남편의 물리적 그리고 그보다 더한 언어폭력을 견디지 못하고 이전과는 다른 결심을 했다. 다른 것에 앞서 먼저 자신을 위해 결단을 내린 이모 씨가 앞으로 자신의 삶에 어떤 보다 나은 어떤 변화를 가져올지, 더 지켜봐야 할 것이다.

[출처 : www.unninet.co.kr]

다양한 가족의 형태를 껴안는 가족 정책

가족정책이란 가족의 복지를 추구하는 것을 목적으로 '가족을 강화하고 가족을 단위로 하여 대부분의 가족 구성원이 제대로 생활할 수 있는 여건을 만들어주기 위한 정책'으로 정의된다. 가족정책에는 기초생활보장제, 한부모가족과 소년소녀가장 가족 지원책, 영유아 보육정책, 아동보호정책, 노인보호정책, 모성보호정책, 가정폭력 관련정책 등이 있으며 이를 통해 가족을 지원하거나 가족문제에 개입하기도 한다.

그럼, 그 '가족'은 무엇으로 정의되는가?

'가족'이라 함은 혼인, 혈연, 입양으로 이루어진 사회의 기본단위이다. 그러므로 '가족'에 해당하지 않은 '비가족'은 가족정책 혜택의 대상이 되지 않는다.

2004년 제정된 건강가정기본법은 가족을 대상으로 각종 정책을 표방한다. '가정'이라 함은 가족구성원이 생계 또는 주거를 함께 하는 생활공동체로서 구성원의 일상적인 부양·양육·보호·교육 등이 이루어지는 생활단위를 말하며, '건강가정'이라 함은 가족구성원의 욕구가 충족되고 인간다운 삶이 보장되는 가정을 말한다. 이 법의 주된 역할인 '건강가정사업'이란 건강가정을 저해하는 문제의 발생을 예방하고 해결하기 위한 여러 가지 조치와 가족의 부양·양육·보호·교육 등의 가정기능을 강화하기 위한 사업을 말한다. 여기서 법률혼이나 혈연, 입양의 형식을 통하지 않은 공동체는 가정의 개념에 포함되지 않는다.

현대사회에는 전형적인 가족을 형성하는 과정인 혼인과 출산뿐 아니라 다양한 방법으로 가족이 형성된다. 특히 사실혼 관계, 동거, 그룹 홈(장애인이나 노숙자 등이 자립할 때까지 소규모시설에서 공동으로 생활할 수 있게 하는 것), 공동체 가족 등이 그것이다.

가족을 구성단위로 하는 각종 정책들은 의도하든, 의도하지 않든 전통적 의미의 가족을 이루고 있지 않은 사람들을 소외시키고 있다. 더구나 이러한 '비가족'에 해당되는 사람의 수는 점점 늘어나고 있다. 그러므로 한정된 국가의 경제적·인적 자원을 배분할 때 늘어나는 다양한 형태의 '비가족'도 우선적 고려 대상이어야 한다.

한편, 전형적인 '가족'이지만, '가족' 구성원 중 부양 능력과 의지가 전혀 없는 성인 구성원 때문에 오히려 미성년과 노인 구성원이 지원을 받지 못하는 경우도 있다. 자녀가 경제적인 능력이 있으면서도 부모를 돌보지 않는 경우, 단지 자녀가 있다는 이유만으로 노부모가 지원대상자가 되지 않으며, 아빠가 딴살림을 차려 같이 살지 않지만 법적인 이혼이 되지 않아 남아 있는 처자식이 지원대상자가 되지 못하는 것이 그 예이다. 이렇게 소외되는 사람들도 구제될 수 있도록 가족 지원 체계가 더욱 촘촘히 짜여져야 할 것이다.

사회의 안전과 지속적 발전을 위해서 그 기초 구성단위를 무엇으로 할 것인지, 어떠한 지원을 해야 할 것인지는 철저한 상황 진단과 철학적 기초위에서 논의되고 합의되어야 한다. 그리고 그 기초는 개인의 존엄성과 행복추구권, 타인에 대한 존중, 소수자의 보호이어야 한다.

가족과 관련된 법과 상식

평등가족에 대하여

평등가족 다짐

- 모든 의사결정과정은 민주적인 접근방법인 대화를 통해 해결하도록 노력한다.
- 재산 형성과정에서 공동으로 책임지고 노력하며, 같은 비중으로 재산을 소유하도록 서로 배려한다.
- 가사노동은 각자의 적성과 직업에 따라 나누도록 한다.
- 자녀가 있다면 육아에 함께 참여하며 평등한 시민으로 키우도록 노력한다.
- 상대방의 자아를 존중하고, 상대의 자아실현을 위해 적극적인 도움을 준다.

부부재산공동명의

- 결혼 후 부부가 서로 노력하여 이룬 재산을 함께 공유함으로써 실질적으로 평등한 가족공동체를 만드는 지름길이며, 가사노동 가치와 경제적 기여를 인정하여 여성의 정당한 재산권 확보를 이루기 위한 것이다. 또한 상대 배우자 난독의 재산처분이나 부동산담보 제공 등의 위험을 줄일 수가 있다.

• 부부재산약정이란 – 혼인생활 중 부부재산에 관한 내용을 혼인 전 서로의 합의 하에 미리 약정하는 것을 말한다. 당사자들의 자유로운 부부재산계약에 따라 부부간의 재산관계가 자율적으로 규정되도록 하는 것으로 민법 제 829조 제 1항에 명시되어 있다. 등기는 혼인 신고 전 관할 주소지 등기소(과)에서 한다.

• 부부재산공동명의의 오해와 진실

Q : 세금을 많이 낸다?

A : 처음 집을 구입하여 등기를 하는 경우라면 한 사람이 등기하는 것과 같은 세금만 낸다. 다만 부부 중 일방의 명의로 되어 있는 집을 공동명의로 바꿀 경우 재산의 1/2에 해당하는 부분을 새롭게 취득하는 것이 되어 세금이 발생한다.

Q : 서류준비가 복잡하다?

A : 서류는 한 사람이 등기하는 것과 동일하다. 등기에 필요한 기본 서류를 준비해서 이름만 공동으로 올린다.

Q : 재산분할로 충분하다?

A : 우리나라의 경우 명의자의 것으로 간주하여 명의자가 임의로 처분할 수 있다. 따라서 남편명의로 된 재산이나 증권 등을 아내 몰래 제3자의 명의로 이전하거나 팔아버린다면 재산분할이라는 것은 한낱 허상에 불과하다. 공동명의로 되어 있다면 배우자 일방의 명의이전이나 처분을 할 수 없다.

Q : 증여세를 많이 내야 한다?

A : 배우자로부터 3억 이하의 액수를 증여받는 경우, 증여세는 면제되며, 맞벌이 부부의 경우 자신의 소득으로 취득했기 때문에 증여세는 문제되지 않는다.

[출처 : 서울여성의 전화 '평등가족' 중에서]

참고문헌

◆ 단행본 및 잡지 자료

- 『고래가 그랬어』 6호(2004년 3월). 야간비행 – 상담 배경내(인권운동사랑방 인권교육실)
- 박성철(2003). 『삶이 나에게 주는 선물』. 주변인의 길
- 배경숙(2001). 『학급활동으로 이어가는 집단상담』. 우리교육
- 전명숙(2002). 『올바른 자리매김을 위한 가정교육』 제 17호(2002년 가을호)
- 웩슬러 버어 외 지음. 최연실 외 올김(1995). 『새로 보는 가족관계학』. 하우
- 윤문원(2002). 『아버지의 술잔에는 눈물이 절반이다』. 새로운사람들
- 이나연(2004). 『부자가족의 경제 교과서 부모편』. 더난출판사
- 이배용 외(1999). 『우리나라 여성들은 어떻게 살았을까』. 청년사
- 『인드라망』(2002) 3-4월호
- 장혜경 · 박정아(2002). 『당당하게 재혼합시다』. 조선일보사
- 잭 켄필드, 마크 빅터 한센(1996). 『마음을 열어주는 101가지 이야기』. 이레
- 주거학연구회(2004). 『안팎에서 본 주거문화』. 교문사
- 켄 블랜차드(2003). 『칭찬은 고래도 춤추게 한다』. 21세기북스
- 통계청(2000). 세대구성별 총 조사 인구
- 통계청(2005). 우리나라 연도별 구내 및 해외 입양 현황
- 통계청(2005). 우리 사회의 혼인수와 이에 따른 이혼율과 재혼율
- 틱낫한(2002).『평화로움』. 장경각
- 한국여성연구소여성사연구실(1999). 『우리 여성의 역사』. 청년사

◆ 신문자료

- 경남도민일보(2006) 5월 19일자
- 경향신문(2005) 5월 4일자
- 동아일보(2004) 5월 16일자
- 여성신문
- 오마이뉴스(2005) 6월 2일자
- 중앙일보(2004) 11월 10일자
- 조선일보사(2005) 6월 16일자

◆기타자료

• 동그라미사이버청소년상담실 상담사례
• 서울여성의 진화 '평등가족'
• 전교조 전남지부 여성국 소식(2006. 3)
• 한국가족교육상담연구소 상담사례
• 한국정신지체인애호협회

• KBS TV 드라마「반올림」잠자리의 꿈(2005. 5. 15) 방영분
• KBS TV 인간극장(2003. 4. 21) 방영분
• SBS TV 8시뉴스(2004. 8. 10) 방영분

• http://chonhyang.com
• http://counsel4u.dreamwiz.com
• http://www.gcn.or.kr
• http://www.koreaeye.co.kr
• http://mpak.co.kr 일기마을
• http://www.ohsuki.co.kr
• www.unninet.co.kr

부록 : 청소년 생활실태 파악을 위한 설문조사

I. 다음은 가족관계에 관한 문항입니다.

1. 당신이 사는 지역은?

① 특별시나 광역시　② 중소도시　③ 읍면지역

2. 당신의 성별은 ?

① 남자　② 여자

3. 당신은 몇 학년입니까?

① 중학생　② 고등학생

4. 지금 함께 살고 있는 사람들을 모두 표시하시오.

□ ① 할머니　□ ② 할아버지　□ ③ 아버지　□ ④ 어머니

□ ⑤ 여자형제　□ ⑥ 남자형제　□ ⑦ 새아버지　□ ⑧새어머니

□ ⑨ 기타(　　　　　　　　　　)

5. 아빠의 직장과 하시는 일에 대해 정확히 알고 있나요?

① 아빠의 직장과 하시는 일에 대해 모두 알고 있다.

② 아빠의 직장만 알고 있다.

③ 아빠의 하시는 일만 알고 있다.

④ 아무것도 모른다.

⑤ 일 안 하신다.

⑥ 아버지 돌아가심

6. 엄마의 직장과 하시는 일에 대해 정확히 알고 있나요?

① 엄마의 직장과 하시는 일에 대해 모두 알고 있다.

② 엄마의 직장만 알고 있다.

③ 엄마의 하시는 일만 알고 있다.

④ 아무것도 모른다.

⑤ 일 안 하신다.

⑥ 어머니 돌아가심

7. 부모님의 생일을 알고 있나요?

① 아빠와 엄마의 생일을 모두 알고 있다.

② 아빠의 생일만 알고 있다.

③ 엄마의 생일만 알고 있다.

④ 아무것도 모른다.

8. 가족 중 주로 누구와 제일 많이 대화하는가?

① 엄마 ② 아빠 ③ 형제자매 ④ 할아버지 ⑤ 할머니 ⑥기타______

9. 가족들과 대화하는 시간이 대체로 하루에 얼마나 되는가?

① 10분 미만 ② 10분~ 30분 ③ 30분~1시간

④ 1시간 ~1시간 30분 ⑤ 1시간 30분 ~ 2시간 ⑥ 2시간 이상

10. 다음 중 평소 자신이 가지고 있는 고민 2가지를 고르시오.

① 건강 ② 가정문제 ③ 성적 ④ 직업이나 진로 ⑤ 이성교제

⑥ 대인관계나 학교생활 ⑦ 성격문제 ⑧ 친구문제

⑨ 종교문제 ⑩ 체격이나 몸매 ⑪ 얼굴

⑫ 기타)구체적으로

11. 부모님과의 사이에서 갈등을 느끼는 것 2가지를 고르시오.

① 이성문제(친구관계)( ) ② 학교공부(성적)( ) ③ 성격( )

④ 생활 태도( ) ⑤ 진로문제( ) ⑥ 외모( ) ⑦ 식습관( )

12. 지난 일 년 동안 아래와 같은 날에, 가족끼리 특별히 식사나 선물을 주거나 받은 적이 있나요? ○표 해 주시오.

기념일	외식 또는 집에서 하는 특별한 식사		선물교환	
	있다	없다	있다	없다
내 생일	①	②	③	④
아버지 생일	⑤	⑥	⑦	⑧
어머니 생일	⑨	⑩	⑪	⑫
부모님 결혼 기념일	⑬	⑭	⑮	⑯
형제자매 생일	⑰	⑱	⑲	⑳
크리스마스	㉠	㉡	㉢	㉣

13. 다음의 내용에 대하여 자신의 생각은 어떤지 각 문항마다 보기에 V를 해 주세요

① 부모님은 반드시 장남이 모셔야 한다.	①그렇다( )	②아니다( )	③모르겠다( )
② 남녀는 태어나면서부터 능력의 차이가 있다.	①그렇다( )	②아니다( )	③모르겠다( )
③ 어떠한 일이 있어도 이혼을 해서는 안 된다.	①그렇다( )	②아니다( )	③모르겠다( )
④ 자식이 있더라도 부모님을 양로원에 모실 수 있다.	①그렇다( )	②아니다( )	③모르겠다( )
⑤ 남자도 부엌일을 해야 한다.	①그렇다( )	②아니다( )	③모르겠다( )
⑥ 결혼하지 않고 살아도 상관없다.	①그렇다( )	②아니다( )	③모르겠다( )
⑦ 연상의 여자나 연하의 남자와 결혼해도 상관없다.	①그렇다( )	②아니다( )	③모르겠다( )

14. 부모님(혹은 집안 어른)의 말 중에서 가장 듣기 싫은 말은 무엇인가요?

15. 부모님(혹은 집안 어른)의 말 중에서 가장 듣기 좋은 말은 무엇인가요?

16. 집에서 매를 맞은 적이 있나요?

① 자주 있었다.

1) 누구에게 맞나요? 모두 표시하시오.

㉠ 아버지 ㉡ 어머니 ㉢ 할아버지 ㉣ 할머니 ㉤ 형(오빠) ㉥ 누나(언니)
㉦ 삼촌(외삼촌) ㉧ 고모(이모) ㉨ 기타

2) 초등학교 때 ㉠ 맞았다 ㉡ 아니다

3) 중학교 때 ㉠ 맞았다 ㉡ 아니다

4) 고등학교 때 ㉠ 맞았다 ㉡ 아니다

5) 만약 집에서 억울하게 맞았다면, 어떻게 할 것인가? 모두 표시하시오.

㉠ 때린 사람에게 소리를 질렀다.
㉡ 때린 사람을 내가 때렸다.
㉢ 때린 사람의 물건을 손상시켰나.
㉣ 경찰에 신고했다.
㉤ 그냥 있었다.
㉥ 기타

② 가끔 있었다.

③ 전혀 없다.

17. 당신의 부모님은 얼마나 자주 다투십니까?

① 거의 매일

② 1주일에 한 두번

③ 한달에 한 두번

④ 6개월에 한 두번

⑤ 1년에 한 두 번

⑥ 한번도 싸우시는 것을 보지 못했다.

18. 부모님들께서 다투실 때, 폭력(때리거나 물건을 부수는 행동)을 사용하십니까?

① 항상 그러신다.

② 가끔 그러신다.

③ 대체로 그러시지 않는다.

④ 전혀 그러시지 않는다.

19. 부모님들께서 다투실 때, 욕을 사용하십니까?

① 항상 그러신다.

② 가끔 그러신다.

③ 대체로 그러시지 않는다.

④ 전혀 그러시지 않는다.

20. 가족 중 TV채널의 주도권은 누구에게 있습니까?

① 나 ② 형제자매 ③ 엄마 ④ 아빠 ⑤ 기타_________ ⑥ 없다.

〈 21 ~ 23 〉 아래 해당되는 곳에 ∨표를 하시오.

문 항	아주 좋다	좋은 편이다	나쁜 편이다	아주 나쁘다	안 계신다
21. 나는 아버지와 사이가…					
22. 나는 어머니와 사이가…					
23. 나는 형제、자매(형, 누나. 동생)와 사이가…					

24. 당신 가족에게는 어떤 규칙이 있습니까?

① 매우 확실하고 매우 안정된 규칙 ② 확실하고 비교적 안정된 규칙

③ 확실하고 융통성 있는 규칙 ④ 규칙이 없다.

25. 당신에게 가족은 어떤 존재입니까?

① 소중한 존재이다 ② 그냥 함께 사는 사람들이다 ③ 차라리 없었으면 한다

④ 아무런 느낌이 없다 ⑤ 기타________

26. 다음 중 당신이 이루어 살고 싶은 가족의 유형을 선택하세요.

① 부모자녀로 이루어진 핵가족

② 할아버지, 할머니, 부모, 자녀로 이루어진 3세대 가족

③ 자녀가 없는 부부만의 가족

④ 동성끼리의 친구와 생활공동체로 이루어진 가족

⑤ 마음이 맞는 남녀로 이루어진 동거가족

⑥ 독신가족

⑦ 기타__________

27. 우리 가족의 제일 큰 문제점은 무엇인가?

① 경제적 어려움

② 부모님 사이의 불화

③ 일상적인 폭력

④ 가족원의 건강이 나쁨

⑤ 기타 _______________

⑥ 없다

II. 다음은 여가활동과 경제생활에 관한 문항입니다.

28. 다음은 여가활동에 대한 설명입니다. 자신의 생각과 같은 곳에 ∨를 해 주세요

① 나는 여가활동을 할 시간이 없다 . ①그렇다( ) ②아니다( )

② 나는 여가활동을 할 돈이 없다. ①그렇다( ) ②이니디( )

③ 나는 여가활동을 같이 할 사람이 없다. ①그렇다( ) ②아니다( )

④ 나는 특별히 갈 곳이 없다. ①그렇다( ) ②아니다( )

⑤ 나는 특별히 할 것이 없다. ①그렇다( ) ②아니다( )

⑥ 나는 마음의 여유가 없다. ①그렇다( ) ②아니다( )

29. 여가시간에 주로 하는 여가활동을 3가지 이내로 고르시오.

① 친구와의 만남 ② TV보기 ③ 비디오보기 ④ 독서나 만화읽기

⑤ 노래방에서 노래 부르기 ⑥ 음악 감상 ⑦ 영화, 연극, 음악회 관람

⑧ 쇼핑하기 ⑨컴퓨터 게임 ⑩ 농구나 축구

⑪ 기타(구체적으로)________________________________

30. 당신의 월 평균 용돈은?

① 3만원 미만 ② 3만원 ~ 5만원 ③ 5만원 ~ 10만원

④ 10만원 ~ 15만원 ⑤ 15만원 이상

31. 당신은 용돈을 주로 어떤 식으로 마련합니까?

① 부모님께 타 쓴다.

② 스스로 조달한다.

③ 기타 가족, 친지에게 타 쓴다.

32. 당신은 용돈을 주로 어디에 사용하십니까? 가장 많이 사용하는 것으로 3가지 고르시오.

① 오락, PC방 ② 간식비 ③ 친구 교제비

④ 교통비 ⑤ 학용품 구입비 ⑥ 옷, 액세서리 구입비

⑦ 담배, 술값 ⑧ 호출기 및 휴대폰 사용료 ⑨ 책 구입비

⑩ 저축 ⑪ 이발 및 미용 ⑫ 기타) 구체적으로

33. 당신은 용돈 지출 내역을 수첩이나 용돈기입장에 기록을 합니까?

① 항상 기록한다.

② 종종 기록한다.

③ 기록하지 않는다.

34. 당신은 용돈이 부족한 경우 어떻게 합니까?

① 용돈을 가불한다.

② 친구에게 빌려 쓴다.

③ 용돈이 없는 대로 지낸다.

④ 저축했던 돈을 쓴다.

⑤ 아르바이트를 한다.

⑥ 기타 (구체적으로)____________________________

35. 부모님이나 보호자가 용돈 지출 내역을 점검하십니까?

① 그렇다

② 아니다

36. 당신은 저축을 합니까? 저축을 한다면 어떤 방식으로 합니까?

① 용돈에서 남는 것을 저축한다.

② 용돈에서 떼어 미리 저축한다.

③ 저축을 하지 않는다.

37. 당신은 아르바이트를 해 본 경험이 있습니까?

① 아르바이트를 해본 경험이 없다.

② 아르바이트를 해본 적이 있으나 지금은 하지 않는다.

③ 아르바이트를 하고 있다.

38. (아르바이트를 해본 적이 있거나, 지금 하고 있다면) 아르바이트를 하는 주된 이유는 무엇입니까?

① 아르바이트를 해본 적이 없다.
② 용돈을 벌기 위해서
③ 사회를 경험하기 위해
④ 학비 조달을 위해
⑤ 내가 갖고 싶은 비싼 물건을 사고 싶어서
⑥ 그냥 해보고 싶어서

39. (아르바이트를 해본 적이 있거나, 하고 있다면,) 당신이 해본 또는 하고 있는 아르바이트는 무엇입니까? 제일 많이 했던 것 3가지 고르시오.

① 아르바이트를 해본 적이 없다.
② 포스터/스티커 붙이기 및 전단지 배포
③ 신문/우유 배달
④ 주유소
⑤ 설문조사
⑥ 삐끼(호객꾼)
⑦ 비디오 및 도서 대여점
⑧ 당구장
⑨ 편의점 및 패스트푸드점
⑩ 기타 (구체적으로) ______________________

– 감사합니다 –

전국가정교사모임

교육 현장에서 가정 교과를 가르치는 교사들과 가정과 교육에 관심이 있는 모든 사람들이 뜻을 모아 만든 모임으로, 현재 중등 가정과 교사들이 회원으로 활동을 하고 있습니다.

전국가정교사모임은 가정과 교육의 존재 가치를 명확히 하기 위해 지금까지 가정 교과의 정체성을 바로 세우고자 노력했으며, 학생들이 현실 생활 속에서 부딪히는 실제적인 문제를 해결하고, 삶을 변화시킬 수 있는 교육과정 구성을 위해 고민해 왔습니다.
이러한 관점에서 학생들이 당면하고 있는 가정생활의 다양한 문제를 중심으로 대안적 교육과정을 구성하고, 실제 수업안을 연구하여 자료를 개발하는 활동을 하고 있습니다.
개발된 수업 자료는 연수와 세미나 등을 통해 자료 검증 작업을 진행하여 신뢰성을 확보하며, 홈페이지 운영과 자료집 발간 작업을 통해 보다 널리 공유 및 보급하고자 노력하고 있습니다.

이를 위해 회원들은 가정과 교육 관련 전문가를 초빙한 다양한 워크숍 개최, 전국 교과 연구회, 지역별 연구 소모임 활동을 지속적으로 하고 있습니다. 이러한 활동을 함께 하고 싶은 모든 분들에게 전국가정교사모임은 그 문이 활짝 열려 있습니다. 더불어 연구하고 더 널리 공유하고 싶으니까요.

저자소개

이 책을 만든 저자들은 중 · 고등학교 가정과 교사들입니다. 가족이 위기라고 하는데 가정과교사로서 뭔가 답이 있어야 하지 않을까 하는 책임감이 이 책을 시작하고 완성하는데 원동력이 되었던 것 같습니다. 이 책은 가정과 교사들이 우리 사회에 내고자 하는 단행본의 시작입니다. 좀 더 나은 내용을 고민하고 그 답을 찾기 위해서 문제의식을 공고히 하려는 조심스럽지만 힘찬 발걸음을 내딛고자 합니다.
많은 질책과 함께 격려를 부탁드립니다.

경상권	**김귀옥**	경남 샛별중학교
	우혜정	대구 입석중학교
	모태화	구미 옥계중학교
	김유진	부산 동백중학교
수도권	**김형선**	경기 안중중학교
	유난숙	경기 안양고등학교
	손주영	충남 용화중학교
	신명진	인천 인송중학교
	김금자	충남 정산고등학교
	안병연	충남 청양여자정보고등학교
	박덕순	경기 금정중학교
	김소라	충남 강경상업정보고등학교
전라권	**김형자**	전남 옥과중학교
	이백순	광주 운남중학교
	장금순	전남 홍농중학교
	박미정	전남 목포여자고등학교
	도경진	전남 송지종합고등학교